Joachim Blum
Hans J. Schmidt

Prof. Dr. Brian Teaser

MATHEMATIK

ZUM AUFFRISCHEN

2. überarbeitete Auflage

KOPIERVORLAGEN MATHEMATIK

Aulis Verlag Deubner

Bibliografische Information Der Deutschen Bibliothek

Die Deutsche Bibliothek verzeichnet diese Publikation in der Deutschen Nationalbibliografie; detaillierte bibliografische Daten sind im Internet über <http://dnb.ddb.de> abrufbar.

Die erste Auflage erschien im Jahr 1997 unter dem Titel „Aufgaben zum Üben und Wiederholen“ im Verlag an der Ruhr, Mülheim an der Ruhr

Best.-Nr. 5199

Printed in the European Community
ISBN 978-3-7614-2679-1

Vorwort

Immer wieder stellt man zu Beginn eines neuen Schuljahres fest, dass elementare mathematische Kenntnisse auf Grund geheimnisvoller Einflüsse abhanden gekommen sind und mühsam zu neuem Leben erweckt werden müssen. Eigentlich hat man das Gefühl, man habe in vergangenen Jahren so gut wie gar nichts vermitteln können.

Besonders schlimm wird es zu Beginn der Klasse 8, wenn die Differenzierung beginnt, der/die Physik- oder Chemielehrer/in über mangelnde mathematische Fertigkeiten der Schüler/innen stöhnen und dem Mathematiklehrer klar wird, dass vielen seiner anvertrauten Zöglingen die Bruch- oder die Prozentrechnung - die Liste lässt sich beliebig fortsetzen - ein Buch mit sieben Siegeln ist. Verstärkt macht sich das Gefühl breit, bei »Pontius und Pilatus« anfangen oder einen »Crashkurs« absolvieren zu müssen, damit alle wieder auf einen gemeinsamen Stand gebracht werden.

So entstanden 50 Kopiervorlagen, die in konzentrierter Form den Stoff vergangener Jahre aufgreifen. Sie helfen - gezielt eingesetzt - Vergessenes wieder zurückzurufen. Einige Arbeitsblätter eignen sich darüber hinaus für die Vorbereitung auf Einstellungsprüfungen.

Inhalt

Wir sind in der Bruchrechnung fit (1)

Bei Brüchen kann der Zähler größer als der Nenner sein: $\frac{8}{3}$
Das nennt man einen **unechten Bruch**.
Einen solchen Bruch kann man in der so genannten *gemischten Schreibweise* notieren: $\frac{8}{3} = 2\frac{2}{3}$

Gib in der gemischten Schreibweise an, z. B. $\frac{14}{5}$ $(14:5 = 2 + 4:5$, also $2\frac{4}{5})$.

a) $\frac{9}{2} =$	d) $\frac{8}{5} =$	g) $\frac{35}{4} =$	j) $\frac{21}{8} =$	m) $\frac{53}{6} =$
b) $\frac{17}{5} =$	e) $\frac{37}{6} =$	h) $\frac{17}{2} =$	k) $\frac{67}{9} =$	n) $\frac{37}{2} =$
c) $\frac{23}{3} =$	f) $\frac{25}{9} =$	i) $\frac{37}{12} =$	l) $\frac{33}{3} =$	o) $\frac{111}{10} =$

Gib als unechten Bruch an, z. B. $7\frac{2}{5}$ $(7 \text{ mal } 5 + 2 = 37$, also $\frac{37}{5})$.

a) $5\frac{3}{7} =$	d) $6\frac{7}{9} =$	g) $12\frac{1}{7} =$	j) $2\frac{17}{21} =$	m) $6\frac{5}{14} =$
b) $9\frac{4}{5} =$	e) $9\frac{5}{8} =$	h) $14\frac{3}{4} =$	k) $7\frac{7}{8} =$	n) $18\frac{1}{15} =$
c) $7\frac{2}{3} =$	f) $5\frac{3}{11} =$	i) $8\frac{7}{12} =$	l) $13\frac{5}{6} =$	o) $11\frac{17}{25} =$

Berechne im Kopf, z. B. $\frac{2}{5}$ von 45 € (45 : 5 mal 2 = 18, also 18 €).

a) $\frac{2}{3}$ von 36 km =	d) $\frac{1}{5}$ von 65 t =	g) $\frac{5}{12}$ von 60 a =
b) $\frac{3}{5}$ von 15 dm =	e) $\frac{5}{9}$ von 189 kg =	h) $\frac{3}{5}$ von 7 € =
c) $\frac{3}{4}$ von 480 g =	f) $\frac{7}{11}$ von 198 € =	i) $\frac{3}{8}$ von 200 mg =

Verwandle in einen Dezimalbruch, z. B. $\frac{3}{8}$ $(3:8 = 0{,}375)$.

a) $\frac{3}{5} =$	d) $\frac{1}{2} =$	g) $\frac{15}{40} =$	j) $\frac{24}{30} =$	m) $9\frac{3}{8} =$
b) $\frac{3}{4} =$	e) $\frac{1}{8} =$	h) $\frac{16}{50} =$	k) $\frac{27}{45} =$	n) $6\frac{7}{10} =$
c) $\frac{17}{20} =$	f) $\frac{4}{25} =$	i) $\frac{11}{200} =$	l) $3\frac{1}{2} =$	o) $4\frac{12}{15} =$

Verwandle in einen gewöhnlichen Bruch, z. B. $0{,}55 = \frac{55}{100} = \frac{11}{20}$.

a) 0,625 =	d) 0,75 =	g) 0,85 =	j) 0,025 =	m) 0,48 =
b) 0,65 =	e) 0,32 =	h) 0,62 =	k) 0,9 =	n) 0,5 =
c) 0,2 =	f) 0,125 =	i) 0,05 =	l) 0,09 =	o) 0,8 =

Wir sind in der Bruchrechnung fit (1)

Bei Brüchen kann der Zähler größer als der Nenner sein: $\frac{8}{3}$
Das nennt man einen **unechten Bruch**.
Einen solchen Bruch kann man in der so genannten *gemischten Schreibweise* notieren: $\frac{8}{3} = 2\frac{2}{3}$

Gib in der gemischten Schreibweise an, z. B. $\frac{14}{5}$ ($14:5 = 2 + 4:5$, also $2\frac{4}{5}$).

a) $\frac{9}{2} = 4\frac{1}{2}$	d) $\frac{8}{5} = 1\frac{3}{5}$	g) $\frac{35}{4} = 8\frac{3}{4}$	j) $\frac{21}{8} = 2\frac{5}{8}$	m) $\frac{53}{6} = 8\frac{5}{6}$
b) $\frac{17}{5} = 3\frac{2}{5}$	e) $\frac{37}{6} = 6\frac{1}{6}$	h) $\frac{17}{2} = 8\frac{1}{2}$	k) $\frac{67}{9} = 7\frac{4}{9}$	n) $\frac{37}{2} = 18\frac{1}{2}$
c) $\frac{23}{3} = 7\frac{2}{3}$	f) $\frac{25}{9} = 2\frac{7}{9}$	i) $\frac{37}{12} = 3\frac{1}{12}$	l) $\frac{33}{3} = 11$	o) $\frac{111}{10} = 11\frac{1}{10}$

Gib als unechten Bruch an, z. B. $7\frac{2}{5}$ (7 mal $5 + 2 = 37$, also $\frac{37}{5}$).

a) $5\frac{3}{7} = \frac{38}{7}$	d) $6\frac{7}{9} = \frac{61}{9}$	g) $12\frac{1}{7} = \frac{85}{7}$	j) $2\frac{17}{21} = \frac{59}{21}$	m) $6\frac{5}{14} = \frac{89}{14}$
b) $9\frac{4}{5} = \frac{49}{5}$	e) $9\frac{5}{8} = \frac{77}{8}$	h) $14\frac{3}{4} = \frac{59}{4}$	k) $7\frac{7}{8} = \frac{63}{8}$	n) $18\frac{1}{15} = \frac{271}{15}$
c) $7\frac{2}{3} = \frac{23}{3}$	f) $5\frac{3}{11} = \frac{58}{11}$	i) $8\frac{7}{12} = \frac{103}{12}$	l) $13\frac{5}{6} = \frac{83}{6}$	o) $11\frac{17}{25} = \frac{292}{25}$

Berechne im Kopf, z. B. $\frac{2}{5}$ von 45 € ($45:5$ mal $2 = 18$, also 18 €).

a) $\frac{2}{3}$ von 36 km = 24 km	d) $\frac{1}{5}$ von 65 t = 13 t	g) $\frac{5}{12}$ von 60 a = 25 a
b) $\frac{3}{5}$ von 15 dm = 9 dm	e) $\frac{5}{9}$ von 189 kg = 105 kg	h) $\frac{3}{5}$ von 7 € = 4,20 €
c) $\frac{3}{4}$ von 480 g = 360 g	f) $\frac{7}{11}$ von 198 € = 126 €	i) $\frac{3}{8}$ von 200 mg = 75 mg

Verwandle in einen Dezimalbruch, z. B. $\frac{3}{8}$ ($3:8 = 0{,}375$).

a) $\frac{3}{5} = 0{,}6$	d) $\frac{1}{2} = 0{,}5$	g) $\frac{15}{40} = 0{,}375$	j) $\frac{24}{30} = 0{,}8$	m) $9\frac{3}{8} = 9{,}375$
b) $\frac{3}{4} = 0{,}75$	e) $\frac{1}{8} = 0{,}125$	h) $\frac{16}{50} = 0{,}32$	k) $\frac{27}{45} = 0{,}6$	n) $6\frac{7}{10} = 6{,}7$
c) $\frac{17}{20} = 0{,}85$	f) $\frac{4}{25} = 0{,}16$	i) $\frac{11}{200} = 0{,}055$	l) $3\frac{1}{2} = 3{,}5$	o) $4\frac{12}{15} = 4{,}8$

Verwandle in einen gewöhnlichen Bruch, z. B. $0{,}55 = \frac{55}{100} = \frac{11}{20}$.

a) $0{,}625 = \frac{5}{8}$	d) $0{,}75 = \frac{3}{4}$	g) $0{,}85 = \frac{17}{20}$	j) $0{,}025 = \frac{1}{40}$	m) $0{,}48 = \frac{12}{25}$
b) $0{,}65 = \frac{13}{20}$	e) $0{,}32 = \frac{8}{25}$	h) $0{,}62 = \frac{31}{50}$	k) $0{,}9 = \frac{9}{10}$	n) $0{,}5 = \frac{1}{2}$
c) $0{,}2 = \frac{1}{5}$	f) $0{,}125 = \frac{1}{8}$	i) $0{,}05 = \frac{1}{20}$	l) $0{,}09 = \frac{9}{100}$	o) $0{,}8 = \frac{4}{5}$

Wir sind in der Bruchrechnung fit (2)

Gleichnamige Brüche werden addiert (subtrahiert), indem man die Zähler addiert (subtrahiert) und den gemeinsamen Nenner beibehält.

Ungleichnamige Brüche werden vor dem Addieren (Subtrahieren) durch Erweitern auf den gleichen Nenner gebracht.

Zwei Brüche werden multipliziert, indem man Zähler mit Zähler und Nenner mit Nenner multipliziert.

Durch einen Bruch wird dividiert, indem man mit dem Kehrwert des Bruches multipliziert.

Addiere. $2\frac{1}{3} + 1\frac{3}{5} = 2\frac{5}{15} + 1\frac{9}{15} = 3\frac{14}{15}$

a) $\frac{2}{9} + \frac{5}{9} =$

b) $\frac{2}{3} + \frac{1}{6} =$

c) $\frac{7}{15} + \frac{3}{5} =$

d) $\frac{3}{4} + \frac{5}{6} =$

e) $1\frac{1}{4} + 4\frac{3}{5} =$

f) $3\frac{1}{3} + 5\frac{3}{4} =$

g) $8\frac{5}{6} + 7\frac{1}{5} =$

h) $5\frac{7}{8} + 9\frac{1}{3} =$

i) $8\frac{3}{5} + 2\frac{1}{4} + 4\frac{2}{3} =$

j) $7\frac{2}{9} + 1\frac{3}{5} + 3\frac{2}{3} =$

k) $5\frac{5}{6} + 6\frac{1}{2} + 9\frac{1}{4} =$

l) $2\frac{3}{4} + 4\frac{1}{5} + 1\frac{3}{8} =$

Subtrahiere. $6\frac{3}{4} - 3\frac{1}{3} = 6\frac{9}{12} - 3\frac{4}{12} = 3\frac{5}{12}$

a) $\frac{7}{9} - \frac{1}{3} =$

b) $\frac{4}{5} - \frac{3}{7} =$

c) $\frac{13}{15} - \frac{3}{4} =$

d) $\frac{3}{4} - \frac{1}{6} =$

e) $9\frac{1}{2} - 3\frac{2}{5} =$

f) $7\frac{11}{60} - 2\frac{7}{20} =$

g) $8\frac{1}{4} - 1\frac{3}{5} =$

h) $3\frac{2}{3} - 2\frac{5}{12} =$

i) $9\frac{2}{5} - 3\frac{1}{2} - 2\frac{5}{6} =$

j) $7\frac{5}{7} - 2\frac{4}{5} - 3\frac{2}{3} =$

k) $8\frac{3}{4} - 1\frac{1}{2} - 3\frac{1}{3} =$

l) $13\frac{2}{3} - 2\frac{7}{12} - 3\frac{5}{6} =$

Multipliziere. $3\frac{1}{4} \cdot 2\frac{2}{5} = \frac{13}{{}_1\not{4}} \cdot \frac{\not{12}^{\,3}}{5} = \frac{39}{5} = 7\frac{4}{5}$

a) $\frac{2}{5} \cdot 3 =$

b) $\frac{7}{9} \cdot 12 =$

c) $\frac{11}{15} \cdot 10 =$

d) $14 \cdot \frac{5}{7} =$

e) $\frac{2}{3} \cdot \frac{9}{14} =$

f) $\frac{11}{25} \cdot \frac{10}{33} =$

g) $\frac{3}{4} \cdot \frac{5}{6} =$

h) $\frac{18}{23} \cdot \frac{69}{45} =$

i) $4\frac{1}{2} \cdot 1\frac{2}{5} =$

j) $7\frac{1}{3} \cdot 2\frac{5}{8} =$

k) $1\frac{3}{5} \cdot 4\frac{3}{7} =$

l) $3\frac{5}{9} \cdot 2\frac{4}{7} =$

Dividiere. $3\frac{2}{3} : 1\frac{3}{4} = \frac{11}{3} : \frac{7}{4} = \frac{11}{3} \cdot \frac{4}{7} = \frac{44}{21} = 2\frac{2}{21}$

a) $\frac{2}{3} : 2 =$

b) $\frac{4}{5} : 8 =$

c) $5 : \frac{3}{7} =$

d) $18 : \frac{5}{6} =$

e) $\frac{4}{7} : \frac{9}{14} =$

f) $\frac{18}{25} : \frac{9}{20} =$

g) $\frac{5}{8} : \frac{15}{16} =$

h) $\frac{18}{25} : \frac{4}{5} =$

i) $4\frac{1}{2} : 3\frac{2}{5} =$

j) $7\frac{1}{4} : 2\frac{1}{3} =$

k) $8\frac{3}{5} : 1\frac{2}{3} =$

l) $9\frac{5}{8} : 2\frac{1}{3} =$

Prof. Brian Teaser

Mathematik zum Auffrischen

Wir sind in der Bruchrechnung fit (2)

Gleichnamige Brüche werden addiert (subtrahiert), indem man die Zähler addiert (subtrahiert) und den gemeinsamen Nenner beibehält.

Ungleichnamige Brüche werden vor dem Addieren (Subtrahieren) durch Erweitern auf den gleichen Nenner gebracht.

Zwei Brüche werden multipliziert, indem man Zähler mit Zähler und Nenner mit Nenner multipliziert.

Durch einen Bruch wird dividiert, indem man mit dem Kehrwert des Bruches multipliziert.

Addiere. $2\frac{1}{3} + 1\frac{3}{5} = 2\frac{5}{15} + 1\frac{9}{15} = 3\frac{14}{15}$

a) $\frac{2}{9} + \frac{5}{9} = \frac{7}{9}$

b) $\frac{2}{3} + \frac{1}{6} = \frac{5}{6}$

c) $\frac{7}{15} + \frac{3}{5} = 1\frac{1}{15}$

d) $\frac{3}{4} + \frac{5}{6} = 1\frac{7}{12}$

e) $1\frac{1}{4} + 4\frac{3}{5} = 5\frac{17}{20}$

f) $3\frac{1}{3} + 5\frac{3}{4} = 9\frac{1}{12}$

g) $8\frac{5}{6} + 7\frac{1}{5} = 16\frac{1}{30}$

h) $5\frac{7}{8} + 9\frac{1}{3} = 15\frac{5}{24}$

i) $8\frac{3}{5} - 2\frac{1}{4} + 4\frac{2}{3} = 15\frac{31}{60}$

j) $7\frac{2}{9} + 1\frac{3}{5} + 3\frac{2}{3} = 12\frac{22}{45}$

k) $5\frac{5}{6} + 6\frac{1}{2} + 9\frac{1}{4} = 21\frac{7}{12}$

l) $2\frac{3}{4} + 4\frac{1}{5} + 1\frac{3}{8} = 8\frac{13}{40}$

Subtrahiere. $6\frac{3}{4} - 3\frac{1}{3} = 6\frac{9}{12} - 3\frac{4}{12} = 3\frac{5}{12}$

a) $\frac{7}{9} - \frac{1}{3} = \frac{4}{9}$

b) $\frac{4}{5} - \frac{3}{7} = \frac{13}{35}$

c) $\frac{13}{15} - \frac{3}{4} = \frac{7}{60}$

d) $\frac{3}{4} - \frac{1}{6} = \frac{7}{12}$

e) $9\frac{1}{2} - 3\frac{2}{5} = 6\frac{1}{10}$

f) $7\frac{11}{60} - 2\frac{7}{20} = 4\frac{5}{6}$

g) $8\frac{1}{4} - 1\frac{3}{5} = 6\frac{13}{20}$

h) $3\frac{2}{3} - 2\frac{5}{12} = 1\frac{1}{4}$

i) $9\frac{2}{5} - 3\frac{1}{2} - 2\frac{5}{6} = 3\frac{1}{15}$

j) $7\frac{5}{7} - 2\frac{4}{5} - 3\frac{2}{3} = 1\frac{26}{105}$

k) $8\frac{3}{4} - 1\frac{1}{2} - 3\frac{1}{3} = 3\frac{11}{12}$

l) $13\frac{2}{3} - 2\frac{7}{12} - 3\frac{5}{6} = 7\frac{1}{4}$

Multipliziere. $3\frac{1}{4} \cdot 2\frac{2}{5} = \frac{13}{\cancel{4}_1} \cdot \frac{\overset{3}{\cancel{12}}}{5} = \frac{39}{5} = 7\frac{4}{5}$

a) $\frac{2}{5} \cdot 3 = 1\frac{1}{5}$

b) $\frac{7}{9} \cdot 12 = 9\frac{1}{3}$

c) $\frac{11}{15} \cdot 10 = 7\frac{1}{3}$

d) $14 \cdot \frac{5}{7} = 10$

e) $\frac{2}{3} \cdot \frac{9}{14} = \frac{3}{7}$

f) $\frac{11}{25} \cdot \frac{10}{33} = \frac{2}{15}$

g) $\frac{3}{4} \cdot \frac{5}{6} = \frac{5}{8}$

h) $\frac{18}{23} \cdot \frac{69}{45} = 1\frac{1}{5}$

i) $4\frac{1}{2} \cdot 1\frac{2}{5} = 6\frac{3}{10}$

j) $7\frac{1}{3} \cdot 2\frac{5}{8} = 19\frac{1}{4}$

k) $1\frac{3}{5} \cdot 4\frac{3}{7} = 7\frac{3}{35}$

l) $3\frac{5}{9} \cdot 2\frac{4}{7} = 9\frac{1}{7}$

Dividiere. $3\frac{2}{3} : 1\frac{3}{4} = \frac{11}{3} : \frac{7}{4} = \frac{11}{3} \cdot \frac{4}{7} = \frac{44}{21} = 2\frac{2}{21}$

a) $\frac{2}{3} : 2 = \frac{1}{3}$

b) $\frac{4}{5} : 8 = \frac{1}{10}$

c) $5 : \frac{3}{7} = 11\frac{2}{3}$

d) $18 : \frac{5}{6} = 21\frac{3}{5}$

e) $\frac{4}{7} : \frac{9}{14} = \frac{8}{9}$

f) $\frac{18}{25} : \frac{9}{20} = 1\frac{3}{5}$

g) $\frac{5}{8} : \frac{15}{16} = \frac{2}{3}$

h) $\frac{18}{25} : \frac{4}{5} = \frac{9}{10}$

i) $4\frac{1}{2} : 3\frac{2}{5} = 1\frac{11}{34}$

j) $7\frac{1}{4} : 2\frac{1}{3} = 3\frac{3}{28}$

k) $8\frac{3}{5} : 1\frac{2}{3} = 5\frac{4}{25}$

l) $9\frac{5}{8} : 2\frac{1}{3} = 4\frac{1}{8}$

Wir ermitteln die Quadratzahlen bis 400

Du berechnest das Quadrat einer Zahl, indem du die Zahl mit sich selbst multiplizierst. Man sagt auch, eine Zahl wird **quadriert**.

Beispiel: $3^2 = 3 \cdot 3 = 9$ $\quad 6^2 = 6 \cdot 6 = 36$

Bei der folgenden Aufgabe ermittelst du rein schematisch alle Quadratzahlen zwischen 1 und 400, indem du die Zahlen 1 bis 400 entsprechend der Vorschrift in das Gitter einträgst.
In der ersten Zeile stehen automatisch die Quadratzahlen.
Am besten lernst du diese Quadratzahlen auswendig.
Man kann nie wissen, wann man sie mal brauchen kann.

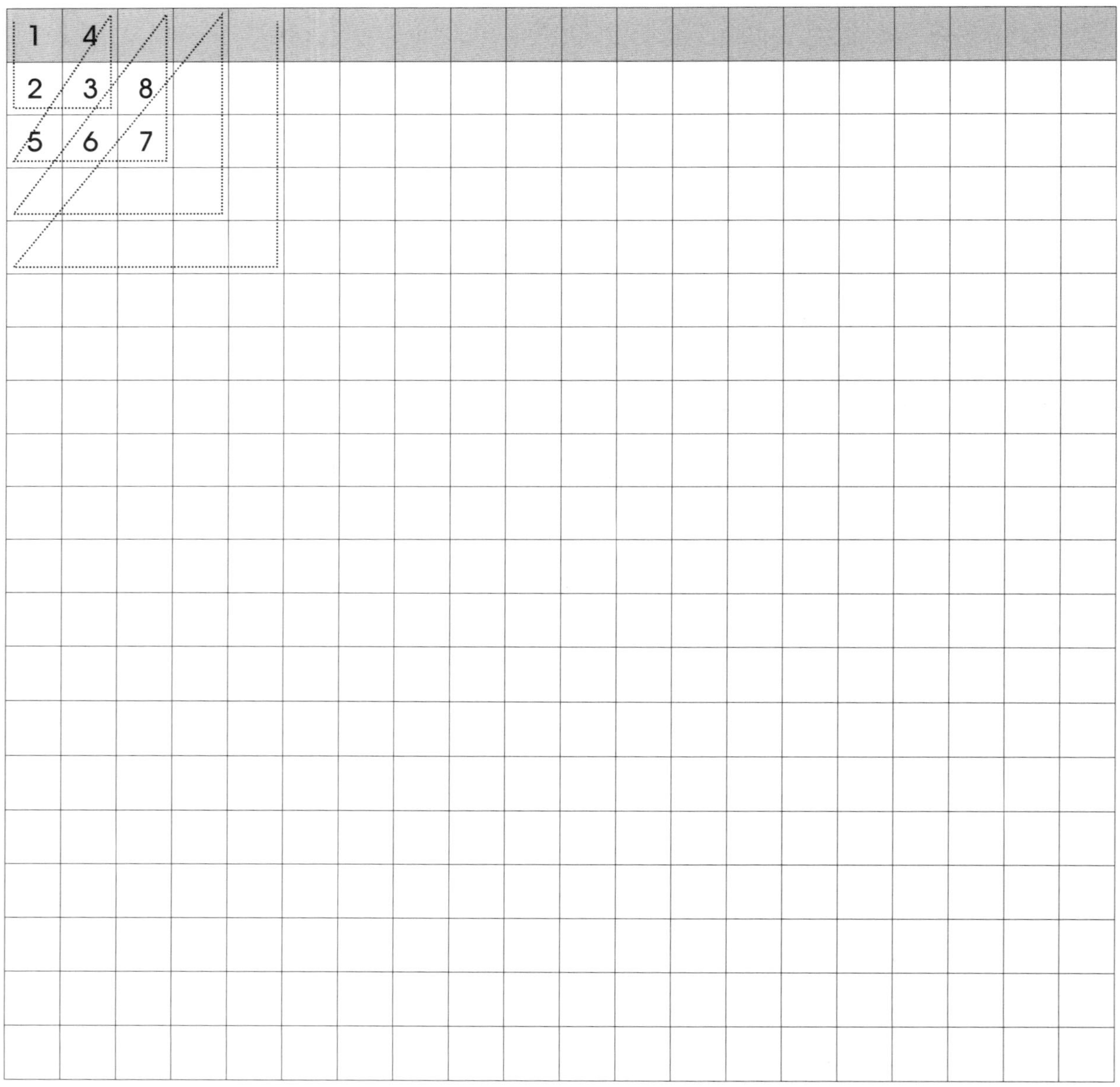

Prof. Brian Teaser

Mathematatik zum Auffrischen

Wir ermitteln die Quadratzahlen bis 400

Du berechnest das Quadrat einer Zahl, indem du die Zahl mit sich selbst multiplizierst. Man sagt auch, eine Zahl wird **quadriert**.

Beispiel: $3^2 = 3 \cdot 3 = 9$ $6^2 = 6 \cdot 6 = 36$

Bei der folgenden Aufgabe ermittelst du rein schematisch alle Quadratzahlen zwischen 1 und 400, indem du die Zahlen 1 bis 400 entsprechend der Vorschrift in das Gitter einträgst.
In der ersten Zeile stehen automatisch die Quadratzahlen.
Am besten lernst du diese Quadratzahlen auswendig.
Man kann nie wissen, wann man sie mal brauchen kann.

1	4	9	16	25	36	49	64	81	100	121	144	169	196	225	256	289	324	361	400
2	3	8	15	24	35	48	63	80	99	120	143	168	195	224	255	288	323	360	399
5	6	7	14	23	34	47	62	79	98	119	142	167	194	223	254	287	322	359	398
10	11	12	13	22	33	46	61	78	97	118	141	166	193	222	253	286	321	358	397
17	18	19	20	21	32	45	60	77	96	117	140	165	192	221	252	285	320	357	396
26	27	28	29	30	31	44	59	76	95	116	139	164	191	220	251	284	319	356	395
37	38	39	40	41	42	43	58	75	94	115	138	163	190	219	250	283	318	355	394
50	51	52	53	54	55	56	57	74	93	114	137	162	189	218	249	282	317	354	393
65	66	67	68	69	70	71	72	73	92	113	136	161	188	217	248	281	316	353	392
82	83	84	85	86	87	88	89	90	91	112	135	160	187	216	247	280	315	352	391
101	102	103	104	105	106	107	108	109	110	111	134	159	186	215	246	279	314	351	390
122	123	124	125	126	127	128	129	130	131	132	133	158	185	214	245	278	313	350	389
145	146	147	148	149	150	151	152	153	154	155	156	157	184	213	244	277	312	349	388
170	171	172	173	174	175	176	177	178	179	180	181	182	183	212	243	276	311	348	387
197	198	199	200	201	202	203	204	205	206	207	208	209	210	211	242	275	310	347	386
226	227	228	229	230	231	232	233	234	235	236	237	238	239	240	241	274	309	346	385
257	258	259	260	261	262	263	264	265	266	267	268	269	270	271	272	273	308	345	384
290	291	292	293	294	295	296	297	298	299	300	301	302	303	304	305	306	307	344	383
325	326	327	328	329	330	331	332	333	334	335	336	337	338	339	340	341	342	343	382
362	363	364	365	366	367	368	369	370	371	372	373	374	375	376	377	378	379	380	381

Wir ziehen näherungsweise die Wurzel

Das (Quadrat-) Wurzelziehen ist die Umkehrung des Quadrierens. Man fragt sich, welche Zahl mit sich selbst multipliziert werden muss, damit sich die Zahl unter dem Wurzelzeichen ergibt.

Beispiel: $8^2 = 8 \cdot 8 = 64$

$\sqrt{64} = \sqrt{8 \cdot 8} = 8$

Berechne: $\sqrt{144} =$

$\sqrt{225} =$

$\sqrt{625} =$

$\sqrt{289} =$

$\sqrt{961} =$

Wenn du näherungsweise die Wurzel ziehen musst, dann eignet sich dazu gut ein Verfahren, dass die Mathematiker des Mittelalters benutzten. Wollten sie z. B. $\sqrt{85}$ berechnen, dann spalteten sie 85 auf in eine nahe gelegene **Quadratzahl** ($81 = 9^2$) und den »schäbigen« Rest (4):

$\sqrt{85} = \sqrt{81 + 4}$

$\sqrt{85} \approx 9 + \frac{4}{\mathbf{2} \cdot 9 \mathbf{+ 1}}$

Die fettgedruckten Zahlen sind fester Bestandteil der Näherungsformel zur ungefähren Ermittlung der Quadratwurzel, d. h. sie werden an dieser Stelle immer eingesetzt.

$\sqrt{85} \approx 9\frac{4}{19}$ $(4 : 19 \approx 0{,}2105)$

$\sqrt{85} \approx 9{,}2105$ (9,219544457 mit dem Taschenrechner)

Noch ein Beispiel, dann bist du dran:

$\sqrt{47} = \sqrt{36 + 11}$

$\sqrt{47} \approx 6 + \frac{11}{\mathbf{2} \cdot 6 \mathbf{+ 1}}$

$\sqrt{47} \approx 6\frac{11}{13}$ $(11 : 13 \approx 0{,}864)$

$\sqrt{47} \approx 6{,}864$ (6,8556546 mit dem Taschenrechner)

Berechne du einmal nach dieser mittelalterlicher Methode die folgenden Wurzeln:

a) $\sqrt{15} \approx$

b) $\sqrt{27} \approx$

c) $\sqrt{39} \approx$

d) $\sqrt{69} \approx$

e) $\sqrt{105} \approx$

f) $\sqrt{145} \approx$

g) $\sqrt{172} \approx$

h) $\sqrt{289} \approx$

i) $\sqrt{229} \approx$

j) $\sqrt{265} \approx$

k) $\sqrt{413} \approx$

l) $\sqrt{642} \approx$

Wir ziehen näherungsweise die Wurzel

Das (Quadrat-) Wurzelziehen ist die Umkehrung des Quadrierens
Man fragt sich, welche Zahl mit sich selbst multipliziert werden muss, damit sich die Zahl unter dem Wurzelzeichen ergibt.

Beispiel: $8^2 = 8 \cdot 8 = 64$

$\sqrt{64} = \sqrt{8 \cdot 8} = 8$

Berechne:

$\sqrt{144} = \sqrt{12 \cdot 12} = 12$

$\sqrt{225} = \sqrt{15 \cdot 15} = 15$

$\sqrt{625} = \sqrt{25 \cdot 25} = 25$

$\sqrt{289} = \sqrt{17 \cdot 17} = 17$

$\sqrt{961} = \sqrt{31 \cdot 31} = 31$

Wenn du näherungsweise die Wurzel ziehen musst, dann eignet sich dazu gut ein Verfahren, dass die Mathematiker des Mittelalters benutzten. Wollten sie z. B. $\sqrt{85}$ berechnen, dann spalteten sie 85 auf in eine nahe gelegene **Quadratzahl** ($81 = 9^2$) und den »schäbigen« Rest (4):

$\sqrt{85} = \sqrt{81 + 4}$

$\sqrt{85} \approx 9 + \frac{4}{\mathbf{2} \cdot 9 \mathbf{+ 1}}$

$\sqrt{85} \approx 9\frac{4}{19}$ $(4 : 19 \approx 0{,}2105)$

$\sqrt{85} \approx 9{,}2105$ (9,219544457 mit dem Taschenrechner)

Die fettgedruckten Zahlen sind fester Bestandteil der Näherungsformel zur ungefähren Ermittlung der Quadratwurzel, d. h. sie werden an dieser Stelle immer eingesetzt.

Noch ein Beispiel, dann bist du dran:

$\sqrt{47} = \sqrt{36 + 11}$

$\sqrt{47} \approx 6 + \frac{11}{\mathbf{2} \cdot 6 \mathbf{+ 1}}$

$\sqrt{47} \approx 6\frac{11}{13}$ $(11 : 13 \approx 0{,}864)$

$\sqrt{47} \approx 6{,}864$ (6,8556546 mit dem Taschenrechner)

Berechne du einmal nach dieser mittelalterlicher Methode die folgenden Wurzeln:

a) $\sqrt{15} \approx 3\frac{6}{7} \approx 3{,}857142857$ (3,872983346)

b) $\sqrt{27} \approx 5\frac{2}{11} \approx 5{,}\overline{18}$ (5,196152423)

c) $\sqrt{39} \approx 6\frac{3}{13} \approx 6{,}230769231$ (6,244997998)

d) $\sqrt{69} \approx 8\frac{5}{17} \approx 8{,}294117647$ (8,306623863)

e) $\sqrt{105} \approx 10\frac{5}{21} \approx 10{,}238095238$ (10,24695077)

f) $\sqrt{145} \approx 12\frac{1}{25} \approx 12{,}04$ (12,04159458)

g) $\sqrt{172} \approx 13\frac{3}{27} \approx 13{,}\overline{1}$ (13,11487705)

h) $\sqrt{289} \approx 17\frac{9}{35} \approx 17{,}257142857$ (17,2626765)

i) $\sqrt{229} \approx 15\frac{4}{31} \approx 15{,}129032258$ (15,13274595)

j) $\sqrt{265} \approx 16\frac{9}{33} \approx 16{,}\overline{27}$ (16,2788206)

k) $\sqrt{413} \approx 20\frac{13}{41} \approx 20{,}317073171$ (20,32240143)

l) $\sqrt{642} \approx 25\frac{17}{51} \approx 25{,}\overline{3}$ (25,33771892)

Wir kennen uns mit Klammern aus

$a + (b + c) = a + b + c$	$8a + (3b + 6) = 8a + 3b + 6$
$a + (b - c) = a + b - c$	$7g + (3 - 6h) = 7g + 3 - 6h$
$a - (b + c) = a - b - c$	$5x - (4z + 5w) = 5x - 4z - 5w$
$a - (b - c) = a - b + c$	$p - (3q - 27) = p - 3q + 27$
$a \cdot (b + c) = a \cdot b + a \cdot c$	$5 \cdot (7x + 3) = 35x + 15$
$(a + b) \cdot (c + d) = a \cdot c + a \cdot d + b \cdot c + b \cdot d$	$(2y + 3) \cdot (7x + 3) = 14xy + 6y + 21x + 9$

1. Löse die Klammern auf und fasse - wenn möglich - zusammen.

a) $58 - (35 - 27) =$
b) $a + (7a + 3) =$
c) $63x - (37y + 39x) =$
d) $36 - (42x - 25) =$
e) $45r - (125 + 39r - 15s) =$
f) $13p + (25q - 2p - 18q) =$
g) $47x - (26y + 17x - 12) =$
h) $22x - (7y - 4z) - (8x + 11z) - (6x - 9y) =$
i) $4{,}2u + (9{,}5v + 3{,}7w - 3{,}2u) + 5{,}6w - (8{,}5u - 3{,}9v - 7{,}2w) =$
j) $18a - (4b + 5c) + (3b - 6c) - (9a - 12c) + (2a - 15b) =$

2. Multipliziere.

a) $8 \cdot (2a - 3b) =$
b) $(3x - 5y) \cdot (-2) =$
c) $7 \cdot (2u + 3v - 1{,}3w) =$
d) $2a \cdot (7b + 3c - 15) =$
e) $3 \cdot (2e + 6f) - 4 \cdot (5x + 3y) =$
f) $6 \cdot (a + 3b - 2c) + 5 \cdot (2a - c + 4b) =$
g) $(x + 5) \cdot (3 + y) =$
h) $(x + 5) \cdot (y - 6) =$
i) $(4m + 3n) \cdot (5r - 2s) =$
j) $(2x + 3y) \cdot (4a - 3b + c) =$

3. Wandle um in ein Produkt, z. B. $5a + 5b = 5 \cdot (a + b)$.

a) $7x - 7y =$
b) $3x - 7xy =$
c) $6ab - 9ac =$
d) $12ac - 6ad + 3af =$
e) $16mn - 8m =$
f) $4ax + 6bx - 10cx =$
g) $12x^3 + 8x^2 =$
h) $3{,}6a - 5{,}4ab + 10{,}8a^2b^2 =$
i) $4a(x + y) + 8b(x + y) =$
j) $8(6e - 3f) - 3z(6e - 3f) =$

Wir kennen uns mit Klammern aus

$a + (b + c) = a + b + c$		$8a + (3b + 6) = 8a + 3b + 6$
$a + (b - c) = a + b - c$		$7g + (3 - 6h) = 7g + 3 - 6h$
$a - (b + c) = a - b - c$		$5x - (4z + 5w) = 5x - 4z - 5w$
$a - (b - c) = a - b + c$		$p - (3q - 27) = p - 3q + 27$
$a \cdot (b + c) = a \cdot b + a \cdot c$		$5 \cdot (7x + 3) = 35x + 15$
$(a + b) \cdot (c + d) = a \cdot c + a \cdot d + b \cdot c + b \cdot d$		$(2y + 3) \cdot (7x + 3) = 14xy + 6y + 21x + 9$

1. Löse die Klammern auf und fasse - wenn möglich - zusammen.

a) $58 - (35 - 27) = 58 - 35 + 27 = 50$
b) $a + (7a + 3) = a + 7a + 3 = 8a + 3$
c) $63x - (37y + 39x) = 63x - 37y - 39x = 24x - 37y$
d) $36 - (42x - 25) = 36 - 42x + 25 = 61 - 42x$
e) $45r - (125 + 39r - 15s) = 45r - 125 - 39r + 15s = 6r - 125 + 15s$
f) $13p + (25q - 2p - 18q) = 13p + 25q - 2p - 18q = 11p + 7q$
g) $47x - (26y + 17x - 12) = 47x - 26y - 17x + 12 = 30x - 26y + 12$
h) $22x - 7y + 4z - 8x - 11z - 6x + 9y = 8x + 2y - 7z$
i) $4{,}2u + 9{,}5v + 3{,}7w - 3{,}2u + 5{,}6w - 8{,}5u + 3{,}9v + 7{,}2w = -7{,}5u + 13{,}4v + 16{,}5w$
j) $18a - 4b - 5c + 3b - 6c - 9a + 12c + 2a - 15b = 11a - 16b + c$

2. Multipliziere.

a) $8 \cdot (2a - 3b) = 16a - 24b$
b) $(3x - 5y) \cdot (-2) = -6x + 10y$
c) $7 \cdot (2u + 3v - 1{,}3w) = 14u + 21v - 9{,}1w$
d) $2a \cdot (7b + 3c - 15) = 14ab + 6ac - 30a$
e) $3 \cdot (2e + 6f) - 4 \cdot (5x + 3y) = 6e + 18f - 20x - 12y$
f) $6 \cdot (a + 3b - 2c) + 5 \cdot (2a - c + 4b) = 6a + 18b - 12c + 10a - 5c + 20b = 16a + 38b - 17c$
g) $(x + 5) \cdot (3 + y) = 3x + xy + 15 + 5y$
h) $(x + 5) \cdot (y - 6) = xy - 6x + 5y - 30$
i) $(4m + 3n) \cdot (5r - 2s) = 20mr - 8ms + 15nr - 6ns$
j) $(2x + 3y) \cdot (4a - 3b + c) = 8ax - 6bx + 2cx + 12ay - 9by + 3cy$

3. Wandle um in ein Produkt, z. B. $5a + 5b = 5 \cdot (a + b)$.

a) $7x - 7y = 7 \cdot (x - y)$
b) $3x - 7xy = x \cdot (3 - 7y)$
c) $6ab - 9ac = 3a \cdot (2b - 3c)$
d) $12ac - 6ad + 3af = 3a \cdot (4c - 2d + f)$
e) $16mn - 8m = 8m \cdot (2n - 1)$
f) $4ax + 6bx - 10cx = 2x \cdot (2a + 3b - 5c)$
g) $12x^3 + 8x^2 = 4x^2 \cdot (3x + 2)$
h) $3{,}6a - 5{,}4ab + 10{,}8a^2b^2 = 1{,}8a \cdot (2 - 3b + 6ab^2)$
i) $4a(x + y) + 8b(x + y) = (4a + 8b) \cdot (x + y)$
j) $8(6e - 3f) - 3z(6e - 3f) = (8 - 3z) \cdot (6e - 3f)$

Wir lösen Gleichungen (1)

Eine Gleichung löst man auf, indem man auf beiden Seiten der Gleichung denselben Rechenschritt durchführt.

$4{,}08 + x = -7{,}5$

Subtrahiere auf beiden Seiten der Gleichung 4,08 und du erhältst die Lösung.

$4{,}08 - 4{,}08 + x = -7{,}5 - 4{,}08$

$x = -11{,}58 \qquad L = \{-11{,}58\}$

a) $4{,}08 + x = -7{,}5$
$x =$ $L = \{\ \}$

b) $-4{,}5 - x = 12{,}6$
$x =$ $L = \{\ \}$

c) $x - 18{,}2 = -9{,}6$
$x =$ $L = \{\ \}$

d) $x : 6 = 3$
$x =$ $L = \{\ \}$

e) $\frac{1}{2}x = 3$
$x =$ $L = \{\ \}$

f) $243 - x = -532$
$x =$ $L = \{\ \}$

g) $3x - 7 = 20$
$x =$ $L = \{\ \}$

h) $\frac{3}{5}x - 2 = 7$
$x =$ $L = \{\ \}$

i) $\frac{3}{8}x - \frac{3}{4} = -\frac{5}{8}$
$x =$ $L = \{\ \}$

j) $18 - 2{,}5x = 3$
$x =$ $L = \{\ \}$

k) $\frac{3}{4}x + 6 = 12$
$x =$ $L = \{\ \}$

l) $\frac{1}{2}x + 2{,}5 = 7{,}5$
$x =$ $L = \{\ \}$

m) $1{,}2x + 0{,}8 = -0{,}4$
$x =$ $L = \{\ \}$

n) $7x + 45 = 465$
$x =$ $L = \{\ \}$

o) $4(x + 3) = 28$
$x =$ $L = \{\ \}$

p) $12\frac{1}{6} - x = 4\frac{2}{3}$
$x =$ $L = \{\ \}$

a) $35\frac{1}{2} - x = 16\frac{5}{6}$
$x =$ $L = \{\ \}$

b) $25\frac{7}{8} - x = 3\frac{2}{3}$
$x =$ $L = \{\ \}$

c) $5x - (4x + 5) = 46$
$x =$ $L = \{\ \}$

d) $20 - (8 - x) = 16$
$x =$ $L = \{\ \}$

e) $-9x - 8 + 4x = 28 - 2x - 42$
$x =$ $L = \{\ \}$

f) $8{,}4 - (5{,}2 - x) = 7{,}2$
$x =$ $L = \{\ \}$

g) $15\frac{3}{10} - x = 6\frac{1}{2}$
$x =$ $L = \{\ \}$

h) $(x + 1) : 5 = -2$
$x =$ $L = \{\ \}$

i) $(x - 2) \cdot 6 = 18$
$x =$ $L = \{\ \}$

j) $3\frac{1}{2} - (1\frac{1}{4} - x) = 5\frac{3}{4}$
$x =$ $L = \{\ \}$

k) $15 + 1{,}2x + 21 = 3x - 4 + 0{,}2x$
$x =$ $L = \{\ \}$

l) $x + 3\frac{1}{2} = 4\frac{2}{3}$
$x =$ $L = \{\ \}$

m) $12x - (7 - 3x) - (5x - 8) = 53$
$x =$ $L = \{\ \}$

n) $\frac{3(4x - 7)}{7} = 9$
$x =$ $L = \{\ \}$

o) $18x - (7 + 12x) - (5x - 8) = 2$
$x =$ $L = \{\ \}$

p) $2{,}5x - 14{,}2 - (3x + 2) = -2(3{,}6 + x)$
$x =$ $L = \{\ \}$

Wir lösen Gleichungen (1)

Eine Gleichung löst man auf, indem man auf beiden Seiten der Gleichung denselben Rechenschritt durchführt.

$4{,}08 + x = -7{,}5$

Subtrahiere auf beiden Seiten der Gleichung 4,08 und du erhältst die Lösung.

$4{,}08 - 4{,}08 + x = -7{,}5 - 4{,}08$

$x = -11{,}58$

a) $4{,}08 + x = -7{,}5$ — $x = -11{,}58$ — $L = \{-11{,}58\}$

b) $-4{,}5 - x = 12{,}6$ — $x = -17{,}1$ — $L = \{-17{,}1\}$

c) $x - 18{,}2 = -9{,}6$ — $x = 8{,}6$ — $L = \{8{,}6\}$

d) $x : 6 = 3$ — $x = 18$ — $L = \{18\}$

e) $\frac{1}{2}x = 3$ — $x = 6$ — $L = \{6\}$

f) $243 - x = -532$ — $x = 775$ — $L = \{775\}$

g) $3x - 7 = 20$ — $x = 9$ — $L = \{9\}$

h) $\frac{3}{5}x - 2 = 7$ — $x = 15$ — $L = \{15\}$

i) $\frac{3}{8}x - \frac{3}{4} = -\frac{5}{8}$ — $x = \frac{1}{3}$ — $L = \{\frac{1}{3}\}$

j) $18 - 2{,}5x = 3$ — $x = 6$ — $L = \{6\}$

k) $\frac{3}{4}x + 6 = 12$ — $x = 8$ — $L = \{8\}$

l) $\frac{1}{2}x + 2{,}5 = 7{,}5$ — $x = 10$ — $L = \{10\}$

m) $1{,}2x + 0{,}8 = -0{,}4$ — $x = -1$ — $L = \{-1\}$

n) $7x + 45 = 465$ — $x = 60$ — $L = \{60\}$

o) $4(x + 3) = 28$ — $x = 4$ — $L = \{4\}$

p) $12\frac{1}{6} - x = 4\frac{2}{3}$ — $x = 7\frac{1}{2}$ — $L = \{7\frac{1}{2}\}$

a) $35\frac{1}{2} - x = 16\frac{5}{6}$ — $x = 18\frac{2}{3}$ — $L = \{18\frac{2}{3}\}$

b) $25\frac{7}{8} - x = 3\frac{2}{3}$ — $x = 22\frac{5}{24}$ — $L = \{22\frac{5}{24}\}$

c) $5x - (4x + 5) = 46$ — $x = 51$ — $L = \{51\}$

d) $20 - (8 - x) = 16$ — $x = 4$ — $L = \{4\}$

e) $-9x - 8 + 4x = 28 - 2x - 42$ — $x = 2$ — $L = \{2\}$

f) $8{,}4 - (5{,}2 - x) = 7{,}2$ — $x = 4$ — $L = \{4\}$

g) $15\frac{3}{10} - x = 6\frac{1}{2}$ — $x = 8\frac{4}{5}$ — $L = \{8\frac{4}{5}\}$

h) $(x + 1) : 5 = -2$ — $x = -11$ — $L = \{-11\}$

i) $(x - 2) \cdot 6 = 18$ — $x = 5$ — $L = \{5\}$

j) $3\frac{1}{2} - (1\frac{1}{4} - x) = 5\frac{3}{4}$ — $x = 3\frac{1}{2}$ — $L = \{3\frac{1}{2}\}$

k) $15 + 1{,}2x + 21 = 3x - 4 + 0{,}2x$ — $x = 20$ — $L = \{20\}$

l) $x + 3\frac{1}{2} = 4\frac{2}{3}$ — $x = 1\frac{1}{6}$ — $L = \{1\frac{1}{6}\}$

m) $12x - (7 - 3x) - (5x - 8) = 53$ — $x = 5{,}2$ — $L = \{5{,}2\}$

n) $\frac{3(4x - 7)}{7} = 9$ — $x = 7$ — $L = \{7\}$

o) $18x - (7 + 12x) - (5x - 8) = 2$ — $x = 1$ — $L = \{1\}$

p) $2{,}5x - 14{,}2 - (3x + 2) = -2(3{,}6 + x)$ — $x = 6$ — $L = \{6\}$

Wir lösen Gleichungen (2)

a) $8(6x - 2) - 9(4x + 12) = 5(x - 5) - 15$

b) $(7{,}2x + 3{,}5) + (2{,}4x - 9) - (8{,}6x - 9{,}5) = 11$

c) $5(4x + 13) - 6(5x - 12) = 57$

d) $13(3x + 2) - 12(x + 4) = 38x$

e) $8(6x - 2) - 9(4x + 12) = 5(x - 5) - 36$

f) $9(5x - 13) + 4(18x + 2) - 270 = 15(2x + 4) - 7(4x - 3)$

g) $1{,}2(2x - 2{,}3) + 1{,}5(x - 0{,}8) + 1{,}6 = 2{,}675(3x - 5{,}2)$

h) $5x(4x + 7) - 2x(10x - 3) = 82$

i) $5x(7 - 3x) + 3x(5x - 11) = 8$

j) $(x + 5)(x + 7) = (x + 1)(x + 19)$

k) $(x - 2)(x + 1) = (x - 3)(x + 4)$

l) $(8 - x)(x + 3) - (6 - x)(x + 5) + 4(2x - 5) = 10$

m) $(x + 6)^2 - (x + 2)^2 = 7(x + 5)$

n) $(4x + 3)^2 + (3x - 1)^2 = (5x + 5)(5x - 5) - 1$

o) $(x + 3)^2 - (x + 5)^2 = (x - 5)^2 - (x - 8)^2 - 5x$

p) $\frac{4x}{5} + \frac{7x}{10} = 15$

q) $\frac{7x}{4} + \frac{5x}{3} = 41$

r) $\frac{5x}{8} - \frac{3x}{5} = 6$

s) $\frac{x - 2}{x - 1} = \frac{x + 2}{x + 5}$

t) $\frac{7 - 2x}{15 - 6x} = \frac{5 - x}{9 - 3x}$

u) $\frac{3x + 1}{4x - 2} = \frac{6x - 1}{8x - 7}$

Wir lösen Gleichungen (2)

a) $8(6x-2)-9(4x+12) = 5(x-5)-15$
$x = 12$ $\quad L=\{12\}$

b) $(7{,}2x+3{,}5)+(2{,}4x-9)-(8{,}6x-9{,}5) = 11$
$x = 7$ $\quad L=\{7\}$

c) $5(4x+13)-6(5x-12) = 57$
$x = 8$ $\quad L=\{8\}$

d) $13(3x+2)-12(x+4) = 38x$
$x = -2$ $\quad L=\{-2\}$

e) $8(6x-2)-9(4x+12) = 5(x-5)-36$
$x = 9$ $\quad L=\{9\}$

f) $9(5x-13)+4(18x+2)-270 = 15(2x+4)-7(4x-3)$
$x = 4$ $\quad L=\{4\}$

g) $1{,}2(2x-2{,}3)+1{,}5(x-0{,}8)+1{,}6 = 2{,}675(3x-5{,}2)$
$x = 2{,}8$ $\quad L=\{2{,}8\}$

h) $5x(4x+7)-2x(10x-3) = 82$
$x = 2$ $\quad L=\{2\}$

i) $5x(7-3x)+3x(5x-11) = 8$
$x = 4$ $\quad L=\{4\}$

j) $(x+5)(x+7) = (x+1)(x+19)$
$x = 2$ $\quad L=\{2\}$

k) $(x-2)(x+1) = (x-3)(x+4)$
$x = 5$ $\quad L=\{5\}$

l) $(8-x)(x-3)-(6-x)(x+5)+4(2x-5) = 10$
$x = 3$ $\quad L=\{3\}$

m) $(x+6)^2-(x+2)^2 = 7(x+5)$
$x = 3$ $\quad L=\{3\}$

n) $(4x+3)^2+(3x-1)^2 = (5x+5)(5x-5)-1$
$x = -2$ $\quad L=\{-2\}$

o) $(x+3)^2-(x+5)^2 = (x-5)^2-(x-8)^2-5x$
$x = 4{,}6$ $\quad L=\{4{,}6\}$

p) $\frac{4x}{5}+\frac{7x}{10} = 15$ $\quad x = 10$ $\quad L=\{10\}$

q) $\frac{7x}{4}+\frac{5x}{3} = 41$ $\quad x = 12$ $\quad L=\{12\}$

r) $\frac{5x}{8}-\frac{3x}{5} = 6$ $\quad x = 240$ $\quad L=\{240\}$

s) $\frac{x-2}{x-1} = \frac{x+2}{x+5}$ $\quad x = 4$ $\quad L=\{4\}$

t) $\frac{7-2x}{15-6x} = \frac{5-x}{9-3x}$ $\quad x = 2$ $\quad L=\{2\}$

u) $\frac{3x+1}{4x-2} = \frac{6x-1}{8x-7}$ $\quad x = 3$ $\quad L=\{3\}$

Wir stellen Formeln um

Löse die Formeln nach der angegebenen Variablen auf.

a) $A = a \cdot b$ — $a =$

b) $e = a \cdot \sqrt{2}$ — $a =$

c) $V = a \cdot h$ — $h =$

d) $V = a \cdot b \cdot c$ — $b =$

e) $V = \frac{1}{3} G \cdot h$ — $h =$

f) $u = 4 \cdot a$ — $a =$

g) $A = \frac{3}{2} a^2 \sqrt{3}$ — $a =$

h) $u = 2a + 2b$ — $b =$

i) $O = 6 \cdot a^2$ — $a =$

j) $O = 2ab + 2ac + 2bc$ — $b =$

k) $O = 2ab + 2ac + 2bc$ — $c =$

l) $P = U \cdot I$ — $U =$

m) $P = U \cdot I$ — $I =$

n) $p = \frac{F}{A}$ — $A =$

o) $M = u \cdot h$ — $u =$

p) $V = \frac{G}{\rho}$ — $G =$

q) $P = \frac{G \cdot p}{100}$ — $p =$

r) $P = \frac{G \cdot p}{100}$ — $G =$

s) $V = a^2 \cdot h$ — $h =$

t) $V = a^2 \cdot h$ — $a =$

u) $A = \frac{g \cdot h}{2}$ — $g =$

v) $Z = \frac{K \cdot p \cdot t}{100}$ — $K =$

w) $A = \frac{a + c}{2} \cdot h$ — $h =$

x) $A = \frac{a + c}{2} \cdot h$ — $c =$

y) $m = \frac{a + c}{2}$ — $a =$

z) $E = m \cdot c^2$ — $m =$

Wir stellen Formeln um

Löse die Formeln nach der angegebenen Variablen auf.

a) $A = a \cdot b$ $\qquad a = \frac{A}{b}$

b) $e = a \cdot \sqrt{2}$ $\qquad a = \frac{e}{\sqrt{2}}$

c) $V = a \cdot h$ $\qquad h = \frac{V}{a}$

d) $V = a \cdot b \cdot c$ $\qquad b = \frac{V}{a \cdot c}$

e) $V = \frac{1}{3} G \cdot h$ $\qquad h = \frac{3 \cdot V}{G}$

f) $u = 4 \cdot a$ $\qquad a = \frac{u}{4}$

g) $A = \frac{3}{2} a^2 \sqrt{3}$ $\qquad a = \sqrt{\frac{2 \cdot A}{3\sqrt{3}}}$

h) $u = 2a + 2b$ $\qquad b = \frac{u - 2a}{2}$

i) $O = 6 \cdot a^2$ $\qquad a = \sqrt{\frac{O}{6}}$

j) $O = 2ab + 2ac + 2bc$ $\qquad b = \frac{O - 2ac}{2a + 2c}$

k) $O = 2ab + 2ac + 2bc$ $\qquad c = \frac{O - 2ab}{2a + 2b}$

l) $P = U \cdot I$ $\qquad U = \frac{P}{I}$

m) $P = U \cdot I$ $\qquad I = \frac{P}{U}$

n) $p = \frac{F}{A}$ $\qquad A = \frac{F}{p}$

o) $M = u \cdot h$ $\qquad u = \frac{M}{h}$

p) $V = \frac{G}{\rho}$ $\qquad G = V \cdot \rho$

q) $P = \frac{G \cdot p}{100}$ $\qquad p = \frac{100 \cdot P}{G}$

r) $P = \frac{G \cdot p}{100}$ $\qquad G = \frac{100 \cdot P}{p}$

s) $V = a^2 \cdot h$ $\qquad h = \frac{V}{a^2}$

t) $V = a^2 \cdot h$ $\qquad a = \sqrt{\frac{V}{h}}$

u) $A = \frac{g \cdot h}{2}$ $\qquad g = \frac{2 \cdot A}{h}$

v) $Z = \frac{K \cdot p \cdot t}{100}$ $\qquad K = \frac{100 \cdot Z}{p \cdot t}$

w) $A = \frac{a + c}{2} \cdot h$ $\qquad h = \frac{2 \cdot A}{a + c}$

x) $A = \frac{a + c}{2} \cdot h$ $\qquad c = \frac{2 \cdot A}{h} - a$

y) $m = \frac{a + c}{2}$ $\qquad a = 2 \cdot m - c$

z) $E = m \cdot c^2$ $\qquad m = \frac{E}{c^2}$

Wir testen praktische Umsetzungen

a) Eine Klasse mit 29 Schülern gab auf einer Klassenfahrt in 10 Tagen für den Jugendherbergsaufenthalt 4640 € aus.
Wie teuer wird dieselbe Fahrt für eine andere Klasse mit 32 Schülern, wenn sie sich nur 7 Tage in dieser Jugendherberge aufhält?

b) Ein Seil von 90 m Länge ist so zu zerschneiden, dass das eine Stück $\frac{2}{3}$ der Länge des anderen Stückes beträgt.
Wie lang ist das kürzere Stück?

c) $\frac{1}{3}$ dieser Rechenaufgaben ist leicht, $\frac{1}{6}$ aber sehr schwer.
Wie viele Aufgaben - in Prozent ausgedrückt - liegen also zwischen leicht und schwer?

d) Mac Popeye kauft 600 g Spinat, Olivia 750 g. Da MacPopeye sein Geld vergessen hat, legt Olivia für ihn aus. Sie bezahlt zusammen 2,43 $.
Wie viel $ bekomt Olivia von MacPopeye zurück?

e) Zwei Malergesellen benötigen 4 Stunden Zeit, um die Tapeten eines Raumes abzureißen.
Wie viel Zeit würde ein Malergeselle alleine für die gleiche Arbeit brauchen?

f) Herr Bleifuß fährt mit einer Durchschnittsgeschwindigkeit von 60 km/h von A nach B. Er rechnet damit, dass er in 5 Stunden in B ankommt. Nach 3 Stunden und 10 Minuten legt er eine Pause ein.
Wie viel km ist es noch bis nach B?

g) Zum Bau einer neuen Straßenbahntrasse benötigen 6 Arbeiter 10 Tage. Um die Arbeit zu beschleunigen, stellt der Bauunternehmer MacCentro zusätzlich zwei Arbeiter ein.
In wie viel Tagen wird die Arbeit jetzt fertig?

h) Der Earl of Havenothing bestimmte in seinem Testament, dass sein Vermögen von 55 420 £ im Verhältnis 2 **:** 3 auf seine zwei Erben Prinz Karl und Lady Day aufgeteilt wird.
Mit welchem Betrag kann jeder der beiden Erben rechnen?

i) Die Lebensmittelvorräte für die 80 Mann Besatzung des Segelschulschiffs »Georg Zockt« reichen für einen 36-tägigen Segeltörn.
Kapitän Willy Windjammer überlegt sich, um den wievielten Teil die täglichen Rationen gekürzt werden müssen, wenn er 40 Tage unterwegs ist?

j) $\frac{3}{4}$ einer Gummibärchenproduktion wird verkauft. Vom verbleibenden Rest erwirbt Thomas Godschlacks $\frac{4}{5}$.
Wie viel % der Produktion bleiben noch übrig?

Wir testen praktische Umsetzungen

a) Eine Klasse mit 29 Schülern gab auf einer Klassenfahrt in 10 Tagen für den Jugendherbergsaufenthalt 4640 € aus.
Wie teuer wird dieselbe Fahrt für eine andere Klasse mit 32 Schülern, wenn sie sich nur 7 Tage in dieser Jugendherberge aufhält?
Die Klassenfahrt würde 3584 € kosten.

b) Ein Seil von 90 m Länge ist so zu zerschneiden, dass das eine Stück $\frac{2}{3}$ der Länge des anderen Stückes beträgt.
Wie lang ist das kürzere Stück?
Das kürzere Stück misst 36 m.

c) $\frac{1}{3}$ dieser Rechenaufgaben ist leicht, $\frac{1}{6}$ aber sehr schwer.
Wie viele Aufgaben - in Prozent ausgedrückt - liegen also zwischen leicht und schwer?
50 % der Aufgaben liegen zwischen leicht und schwer.

d) Mac Popeye kauft 600 g Spinat, Olivia 750 g. Da MacPopeye sein Geld vergessen hat, legt Olivia für ihn aus. Sie bezahlt zusammen 2,43 $.
Wie viel $ bekomt Olivia von MacPopeye zurück?
Olivia bekommt 1,08 $ zurück.

e) Zwei Malergesellen benötigen 4 Stunden Zeit, um die Tapeten eines Raumes abzureißen.
Wie viel Zeit würde ein Malergeselle alleine für die gleiche Arbeit brauchen?
Ein Malergeselle alleine benötigt 8 Stunden.

f) Herr Bleifuß fährt mit einer Durchschnittsgeschwindigkeit von 60 km/h von A nach B. Er rechnet damit, dass er in 5 Stunden in B ankommt. Nach 3 Stunden und 10 Minuten legt er eine Pause ein.
Wie viel km ist es noch bis nach B?
Es sind noch 110 km bis zum Ziel.

g) Zum Bau einer neuen Straßenbahntrasse benötigen 6 Arbeiter 10 Tage. Um die Arbeit zu beschleunigen, stellt der Bauunternehmer MacCentro zusätzlich zwei Arbeiter ein.
In wie viel Tagen wird die Arbeit jetzt fertig?
Die Arbeit ist nun in 7,5 Tagen erledigt.

h) Der Earl of Havenothing bestimmte in seinem Testament, dass sein Vermögen von 55 420 £ im Verhältnis 2 : 3 auf seine zwei Erben Prinz Karl und Lady Day aufgeteilt wird.
Mit welchem Betrag kann jeder der beiden Erben rechnen?
Prinz Karl erhält 22 168 £ und Lady Day 33 252 £.

i) Die Lebensmittelvorräte für die 80 Mann Besatzung des Segelschulschiffs »Georg Zockt« reichen für einen 36-tägigen Segeltörn.
Kapitän Willy Windjammer überlegt sich, um den wievielten Teil die täglichen Rationen gekürzt werden müssen, wenn er 40 Tage unterwegs ist?
Er kürzt die Rationen um ein Neuntel.

j) $\frac{3}{4}$ einer Gummibärchenproduktion wird verkauft. Vom verbleibenden Rest erwirbt Thomas Godschlacks $\frac{4}{5}$.
Wie viel % der Produktion bleiben noch übrig?
5 % der Produktion bleiben noch übrig.

Wir orientieren uns im Koordinatensystem

Verbinde nacheinander die angegebenen Punkte.
Denke daran, dass bei der Koordinatenschreibweise die erste Zahl angibt, wie weit du nach rechts oder links musst; die zweite Zahl schreibt dir vor, wie weit du nach oben oder unten musst. **Achtung:** Einige Strecken werden doppelt durchfahren.

(−6|−7) ⇨ (−6|−8) ⇨ (6|−8) ⇨ (6|−7) ⇨ (4|−7) ⇨ (4|9) ⇨ (2|11) ⇨ (2|−7) ⇨
(−2|−7) ⇨ (−2|11) ⇨ (−4|9) ⇨ (−4|−7) ⇨ (−6|−7) ⇨ (−6|7) ⇨ (−5|9) ⇨ (−3|11) ⇨
(−1|12) ⇨ (1|12) ⇨ (3|11) ⇨ (5|9) ⇨ (6|7) ⇨ (6|−5) ⇨ (−3|−5) ⇨ (−2|−4) ⇨ (−1|−4) ⇨
(0|−3) ⇨ (−1|−3) ⇨ (−2|−1) ⇨ (−2|1) ⇨ (−1|4) ⇨ (−1|6) ⇨ (0|6) ⇨ (1|7) ⇨ (1|8) ⇨
(0|9) ⇨ (−1|9) ⇨ (−2|8) ⇨ (−2|7) ⇨ (−1|6) ⇨ (−2|5) ⇨ (−3|6) ⇨ (−3|8) ⇨ (−1|10) ⇨
(1|10) ⇨ (2|8) ⇨ (2|7) ⇨ (1|5) ⇨ (2|4) ⇨ (6|−4) ⇨ (4|−2) ⇨ (4|−3) ⇨ (3|−2) ⇨
(2|0) ⇨ (2|1) ⇨ (1|3) ⇨ (1|1) ⇨ (−1|2) ⇨ (1|−1) ⇨ (1|−3) ⇨ (0|−4) ⇨ (−2|−5) ⇨
(0|−5) ⇨ (1|−3) ⇨ (1|−5) ⇨ (2|−5) ⇨ (2|−2) ⇨ (3|−4) ⇨ (3|−3) ⇨ (6|−4) ⇨ (6|−7)

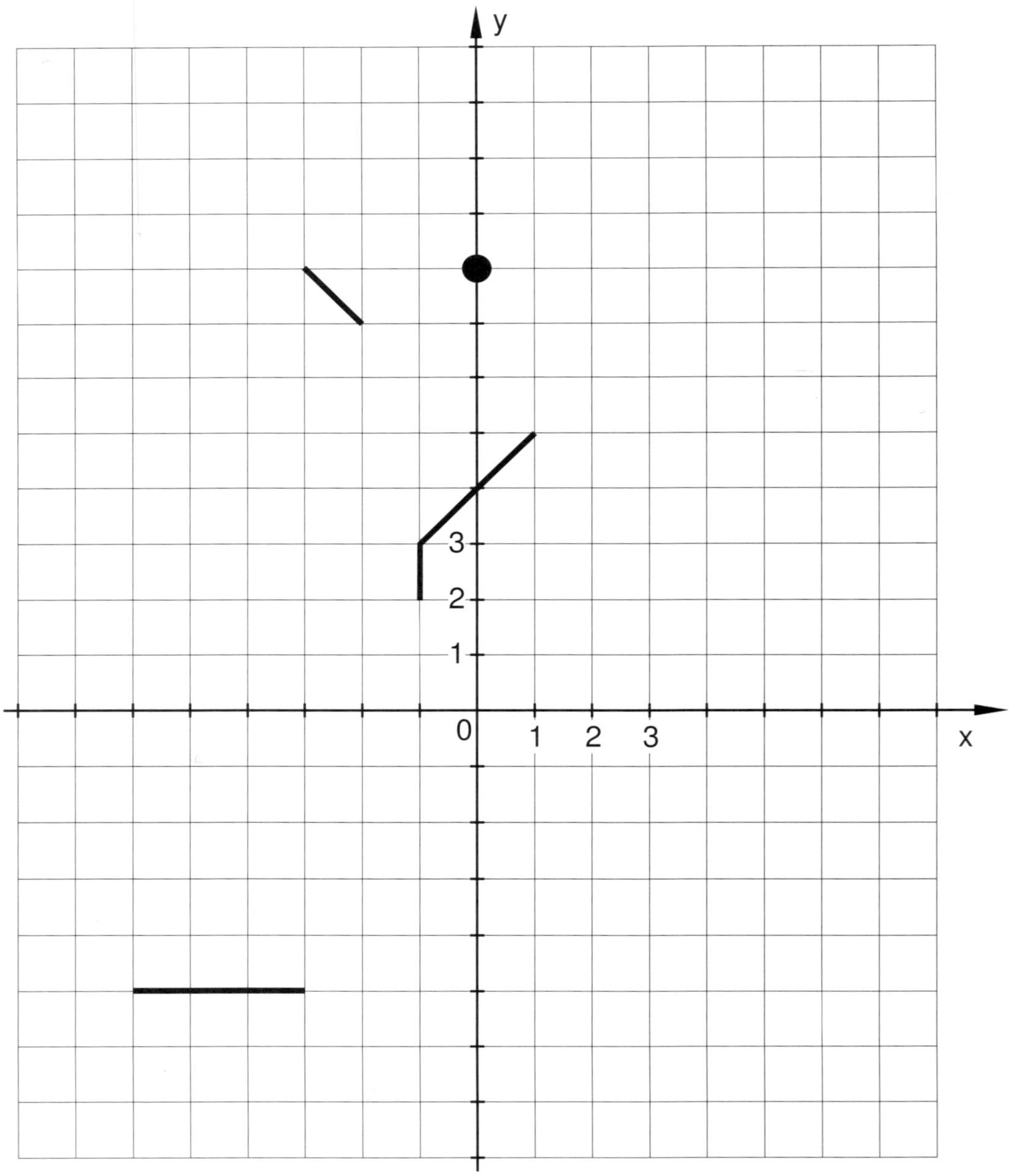

Wir orientieren uns im Koordinatensystem

Verbinde nacheinander die angegebenen Punkte.
Denke daran, dass bei der Koordinatenschreibweise die erste Zahl angibt, wie weit du nach rechts oder links musst; die zweite Zahl schreibt dir vor, wie weit du nach oben oder unten musst. **Achtung:** Einige Strecken werden doppelt durchfahren.

(−6|−7) ⇨ (−6|−8) ⇨ (6|−8) ⇨ (6|−7) ⇨ (4|−7) ⇨ (4|9) ⇨ (2|11) ⇨ (2|−7) ⇨
(−2|−7) ⇨ (−2|11) ⇨ (−4|9) ⇨ (−4|−7) ⇨ (−6|−7) ⇨ (−6|7) ⇨ (−5|9) ⇨ (−3|11) ⇨
(−1|12) ⇨ (1|12) ⇨ (3|11) ⇨ (5|9) ⇨ (6|7) ⇨ (6|−5) ⇨ (−3|−5) ⇨ (−2|−4) ⇨ (−1|−4) ⇨
(0|−3) ⇨ (−1|−3) ⇨ (−2|−1) ⇨ (−2|1) ⇨ (−1|4) ⇨ (−1|6) ⇨ (0|6) ⇨ (1|7) ⇨ (1|8) ⇨
(0|9) ⇨ (−1|9) ⇨ (−2|8) ⇨ (−2|7) ⇨ (−1|6) ⇨ (−2|5) ⇨ (−3|6) ⇨ (−3|8) ⇨ (−1|10) ⇨
(1|10) ⇨ (2|8) ⇨ (2|7) ⇨ (1|5) ⇨ (2|4) ⇨ (6|−4) ⇨ (4|−2) ⇨ (4|−3) ⇨ (3|−2) ⇨
(2|0) ⇨ (2|1) ⇨ (1|3) ⇨ (1|1) ⇨ (−1|2) ⇨ (1|−1) ⇨ (1|−3) ⇨ (0|−4) ⇨ (−2|−5) ⇨
(0|−5) ⇨ (1|−3) ⇨ (1|−5) ⇨ (2|−5) ⇨ (2|−2) ⇨ (3|−4) ⇨ (3|−3) ⇨ (6|−4) ⇨ (6|−7)

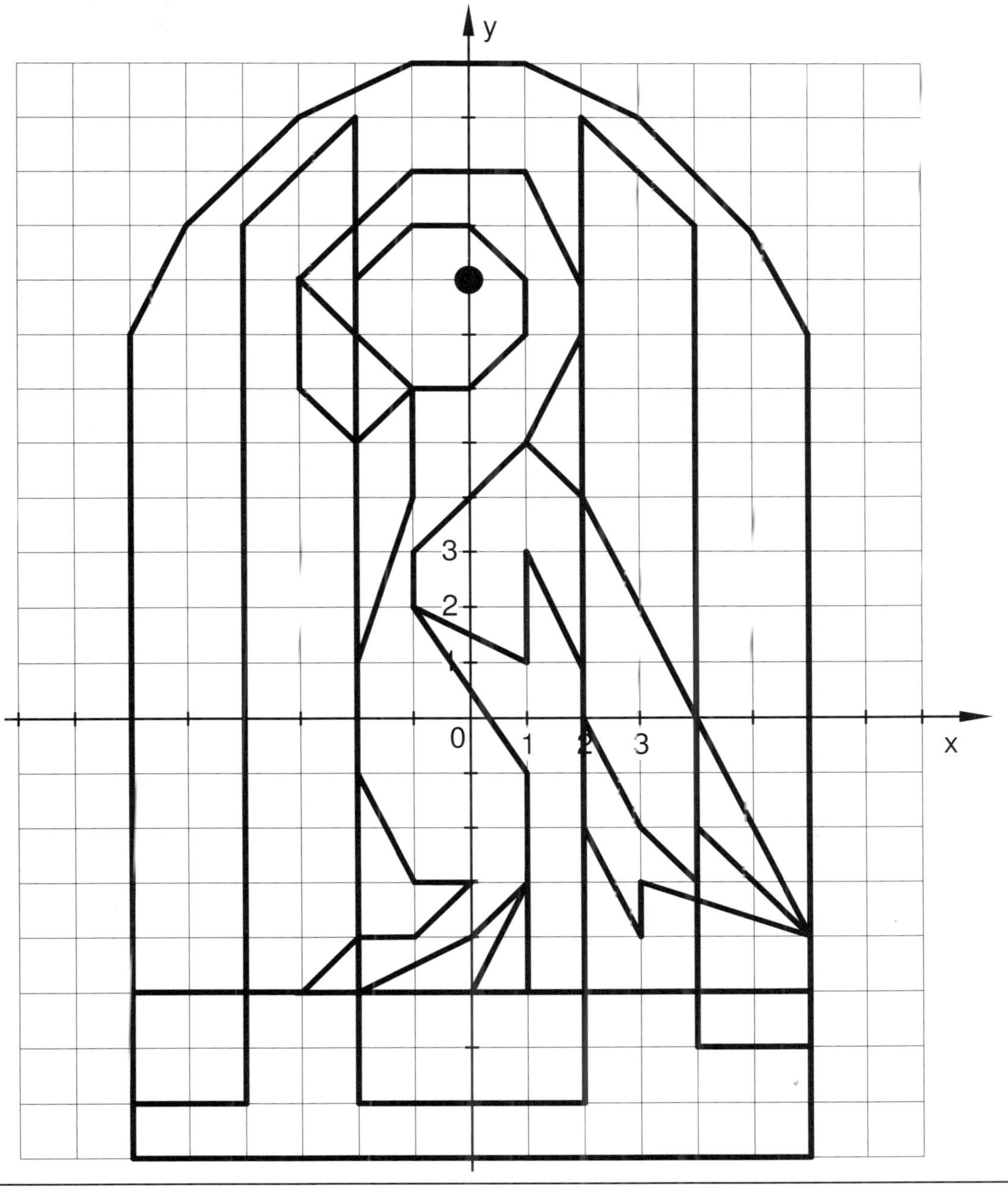

Maßstäbe - kein Problem

Maßstab 1 **:** 250 000 heißt:	1 cm auf der Karte sind 250 000 cm in Wirklichkeit. (250 000 cm = 25 000 dm = 2 500 m = 2,5 km)
Maßstab 25 **:** 1 heißt:	25 cm auf der Zeichnung sind 1 cm in Wirklichkeit.

1. Der Maßstab einer Karte beträgt 1 **:** 500 000.

a) **Wie lang sind dann 3 cm auf der Karte in Wirklichkeit?**

b) Zwei Orte sind ungefähr 40 km voneinander entfernt.
Wie weit sind sie auf der Landkarte voneinander entfernt?

2. Auf einer Karte haben zwei Orte die Entfernung 7,5 cm.
In Wirklichkeit beträgt die Luftlinienentfernung aber 187,5 km.
Welchen Maßstab hat die Karte?

3. **Wie lang sind die angegebenen Strecken in Wirklichkeit?**

Länge \ Maßstab	1 **:** 250	1 **:** 5 000	1 **:** 100 000	1 **:** 75 000
3 cm				
2 dm				
17 mm				

4. Kleine Tiere werden vergrößert dargestellt, um Einzelheiten besser erkennen zu können.
Wie groß ist die hier abgebildete Stubenfliege in Wirklichkeit?
Rechne in mm.

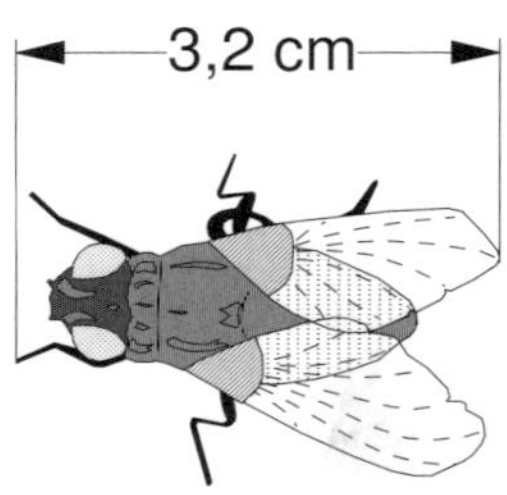

Maßstab 4 **:** 1

5. Maike Trampels Freizeit- und Städteatlas hat für die Citypläne einen Maßstab von 1 **:** 50 000. Für eine Radwanderung hat sie eine Route festgelegt, die auf der Karte so um die 48 cm lang ist.
Wie viele Kilometer muss sie strampeln?

6. **Ermittle in der Tabelle die fehlenden Längen bzw. Maßstäbe.**

Maßstab	1 : 25 000		1 : 125 000	1 : 300 000	30 : 1		5 : 1
Strecke in der Zeichnung	3,6 cm	7 cm				4,2 dm	25 cm
Strecke in der Wirklichkeit		3,5 km	22,5 km	84 km	2 cm	42 km	

Maßstäbe - kein Problem

Maßstab 1 : 250 000 heißt:	1 cm auf der Karte sind 250 000 cm in Wirklichkeit. (250 000 cm = 25 000 dm = 2 500 m = 2,5 km)
Maßstab 25 : 1 heißt:	25 cm auf der Zeichnung sind 1 cm in Wirklichkeit.

1. Der Maßstab einer Karte beträgt 1 : 500 000.

a) **Wie lang sind dann 3 cm auf der Karte in Wirklichkeit?**
3 cm entsprechen 1 500 000 cm in Wirklichkeit, das sind **15 km**.

b) Zwei Orte sind ungefähr 40 km voneinander entfernt.
Wie weit sind sie auf der Landkarte voneinander entfernt?
40 km sind 4 000 000 cm, 4 000 000 : 500 000 = 8, also **8 cm**.

2. Auf einer Karte haben zwei Orte die Entfernung 7,5 cm.
In Wirklichkeit beträgt die Luftlinienentfernung aber 187,5 km.
Welchen Maßstab hat die Karte?
187,5 km = 18 750 000 cm, 18 750 000 : 7,5 = 2 500 000, **Maßstab 1 : 2 500 000.**

3. Wie lang sind die angegebenen Strecken in Wirklichkeit?

Länge \ Maßstab	1 : 250	1 : 5 000	1 : 100 000	1 : 75 000
3 cm	**7,50 m**	**150 m**	**3 km**	**2,25 km**
2 dm	**50 m**	**1 km**	**20 km**	**15 km**
17 mm	**4,25 m**	**85 m**	**1,7 km**	**1,275 km**

4. Kleine Tiere werden vergrößert dargestellt, um Einzelheiten besser erkennen zu können.
Wie groß ist die hier abgebildete Stubenfliege in Wirklichkeit?
Rechne in mm.
Lösung: 8 mm

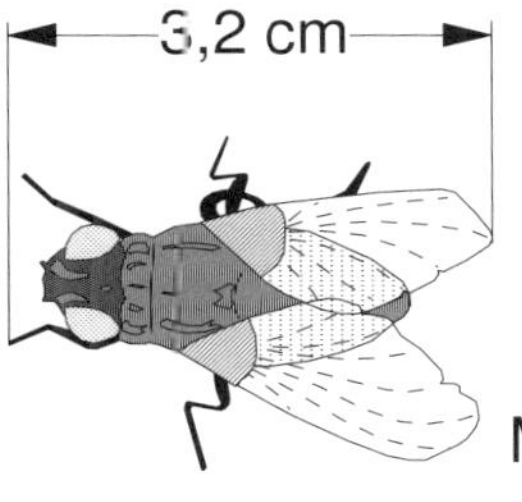

Maßstab 4 : 1

5. Maike Trampels Freizeit- und Städteatlas hat für die Citypläne einen Maßstab von 1 : 50 000. Für eine Radwanderung hat sie eine Route festgelegt, die auf der Karte so um die 48 cm lang ist.
Wie viele Kilometer muss sie strampeln?
Lösung: 24 km

6. Ermittle in der Tabelle die fehlenden Längen bzw. Maßstäbe.

	Maßstab	1 : 25 000	**1 : 50 000**	1 : 125 000	1 : 300 000	30 : 1	**1 : 100 000**	5 : 1
Strecke in der	Zeichnung	3,6 cm	7 cm	**18 cm**	**28 cm**	**6 dm**	4,2 dm	25 cm
	Wirklichkeit	**900 m**	3,5 km	22,5 km	84 km	2 cm	42 km	**5 cm**

Wir rechnen mal ohne Taschenrechner

$378 \cdot 9$

$6523 \cdot 72$

$90664 \cdot 7$

$97 \cdot 58$

$70063 \cdot 883$

$49 \cdot 87$

$2369 \cdot 236$

$807 \cdot 69$

1,76	8455	45056	3,109
+ 432,08	+ 39106	+ 773001	+ 15,441
+ 21,04	+ 6672	+ 68291	+ 126,892
+ 2145,91	+ 13274	+ 99	+ 70,099
+ 453,33	+ 53811	+ 23655	+ 1675,432
+ 99,52	+ 567	+ 7791	+ 995,104
+ 588,34	+ 78006	+ 23752	+ 341,090
+ 880,04	+ 70683	+ 993661	+ 112,945

645324	121635	200,627	11,7428
− 85677	− 93219	− 189,655	− 9,9043

763008	1876,09	654239	623176
− 66821	− 977,44	− 75086	− 187654
− 23334	− 145,32	− 6436	− 7632
− 150358	− 665,37	− 44298	− 15698
			− 47122
			− 8830
			− 31672
			− 94326

35861 : 47 =

33292 : 58 =

20418 : 83 =

36938 : 73 =

Wir rechnen mal ohne Taschenrechner

378 • 9
3402

6523 • 72
45661
13046
469656

90664 • 7
634648

97 • 58
485
776
5626

70063 • 883
560504
560504
210189
61865629

49 • 87
392
343
4263

2369 • 236
4738
7107
14214
559084

807 • 69
4842
7263
55683

1,76
+ 432,08
+ 21,04
+ 2145,91
+ 453,33
+ 99,52
+ 588,34
+ 880,04
4622,02

8455
+ 39106
+ 6672
+ 13274
+ 53811
+ 567
+ 78006
+ 70683
270574

45056
+ 773001
+ 68291
+ 99
+ 23655
+ 7791
+ 23752
+ 993661
1935306

3,109
+ 15,441
+ 126,892
+ 70,099
+ 1675,432
+ 995,104
+ 341,090
+ 112,945
3340,112

645324
− 85677
559647

121635
− 93219
28416

200,627
− 189,655
10,972

11,7428
− 9,9043
1,8385

763008
− 66821
− 23334
− 150358
522495

1876,09
− 977,44
− 145,32
− 665,37
87,96

654239
− 75086
− 6436
− 44298
528419

623176
− 187654
− 7632
− 15698
− 47122
− 8830
− 31672
− 94326
230242

35861 : 47 = 763
329
296
282
141
141
0

33292 : 58 = 574
290
429
406
232
232
0

20418 : 83 = 246
166
381
332
498
498
0

36938 : 73 = 506
365
43
0
438
438
0

Zur Information: Winkelarten

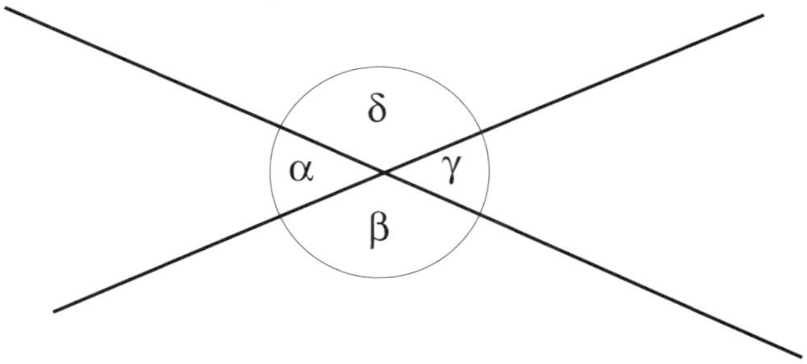

Neben- und Scheitelwinkel

Wenn sich zwei Geraden schneiden, entstehen Winkel.
Winkel, die sich gegenüberliegen wie α und γ oder δ und β heißen **Scheitelwinkel**.
Winkel, die nebeneinander liegen wie α und δ oder β und γ heißen **Nebenwinkel**.

Scheitelwinkel sind gleich groß:	$\alpha = \gamma$ **und** $\delta = \beta$
Nebenwinkel ergänzen sich zu 180°:	$\alpha + \delta = 180°, \beta + \gamma = 180°$

Stufen- und Wechselwinkel

Wenn zwei Parallelen g und h von einer dritten Geraden geschnitten werden, dann entstehen acht Winkel, die von Interesse sind. Sie haben besondere Namen.
Man nennt α_1 und α_2 **Stufenwinkel**.
Weitere Stufenwinkel sind z. B. β_1 und β_2, γ_1 und γ_2, δ_1 und δ_2.

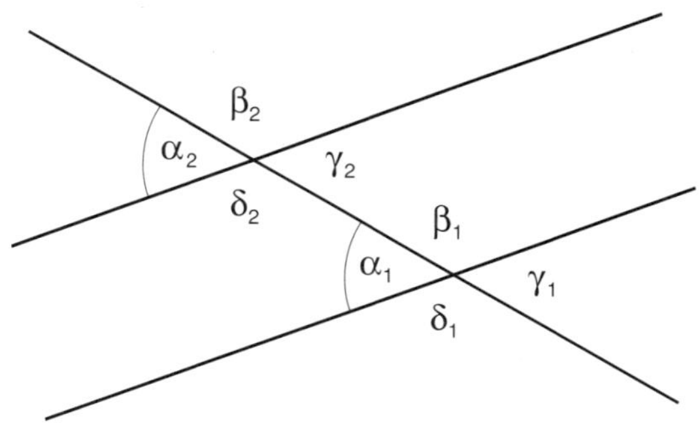

γ_2 und α_1 nennt man **Wechselwinkel**.
Weitere Wechselwinkel sind z. B.
α_2 und γ_1, β_2 und δ_1, δ_2 und β_1.

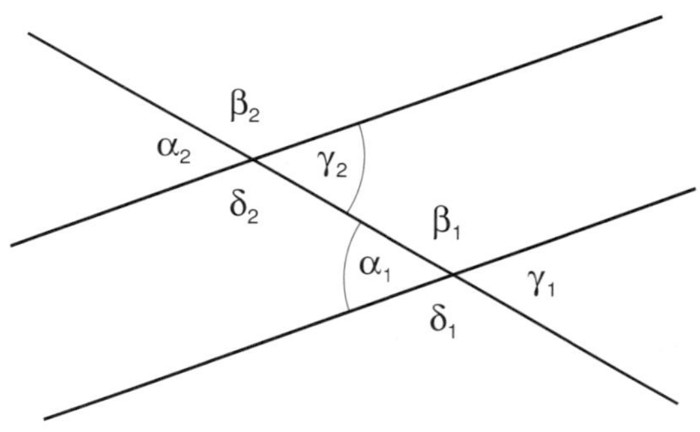

Stufen- und Wechselwinkel sind jeweils gleich groß.

Winkelsumme Dreieck

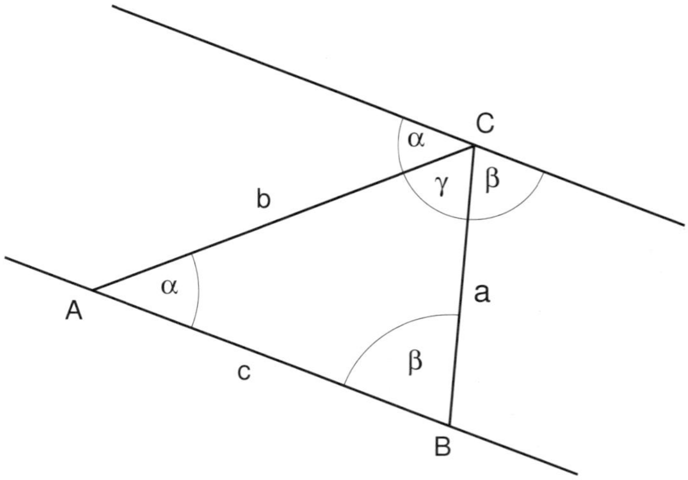

In jedem Dreieck beträgt die Winkelsumme 180°

Zur Information: Flächen

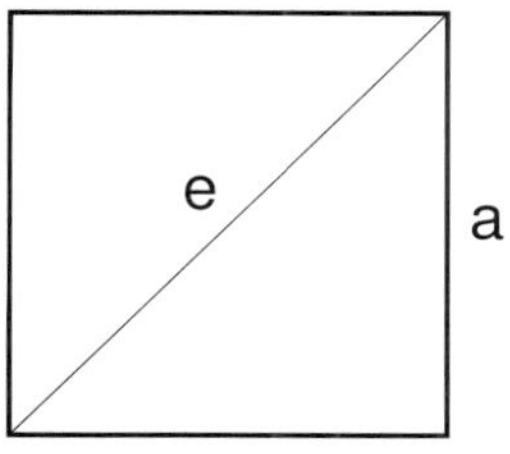

Quadrat

$u = 4 \cdot a$

$A = a^2$

$e = a \cdot \sqrt{2}$

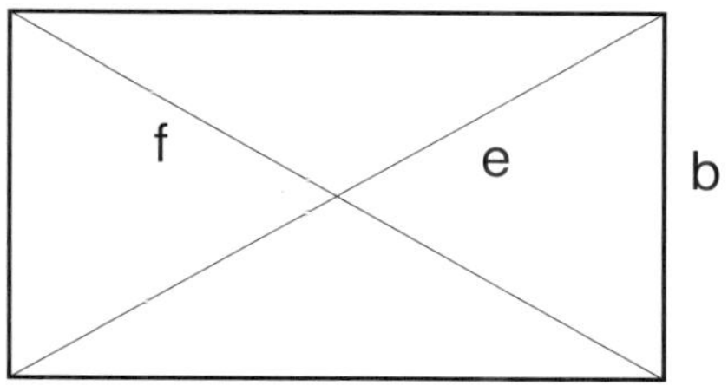

Rechteck

$u = 2a + 2b$ oder

$u = 2(a + b)$

$A = a \cdot b$

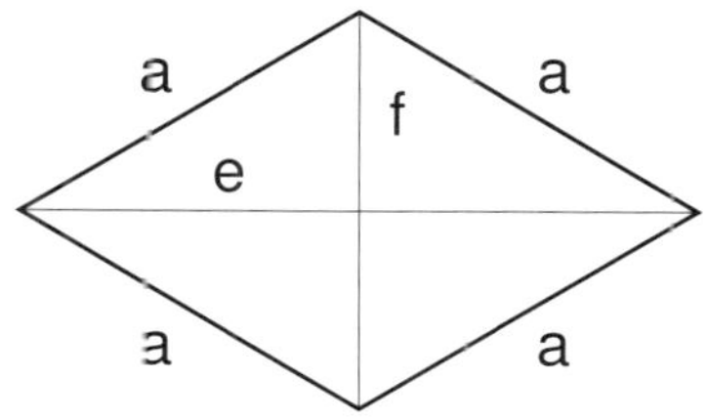

Raute (Rhombus)

$u = 4 \cdot a$

$A = \frac{e \cdot f}{2}$

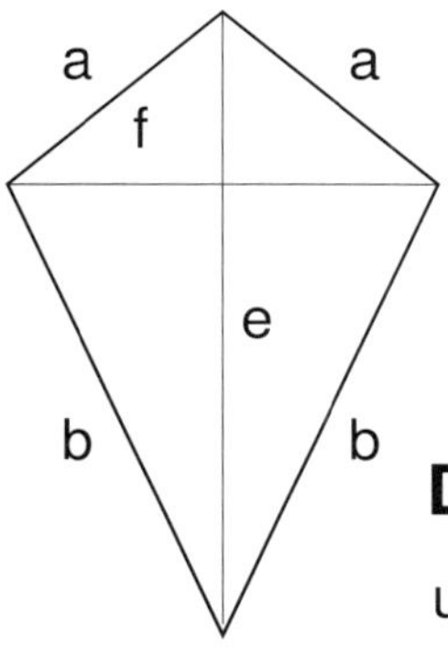

Drachen

$u = 2a + 2b$

$u = 2(a + b)$

$A = \frac{e \cdot f}{2}$

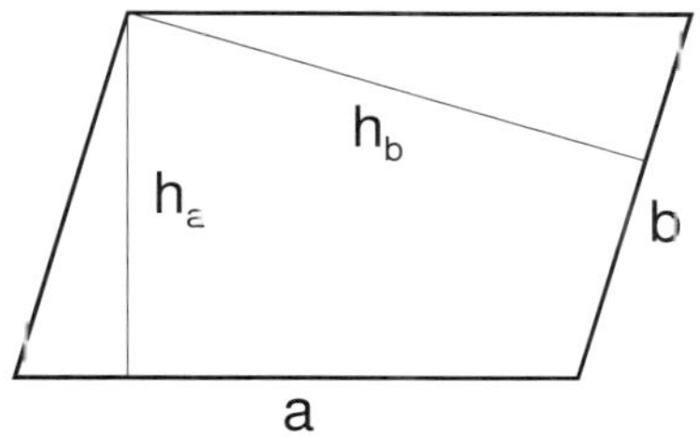

Parallelogramm

$u = 2a + 2b$

$u = 2(a + b)$

$A = a \cdot h_a$

$A = b \cdot h_b$

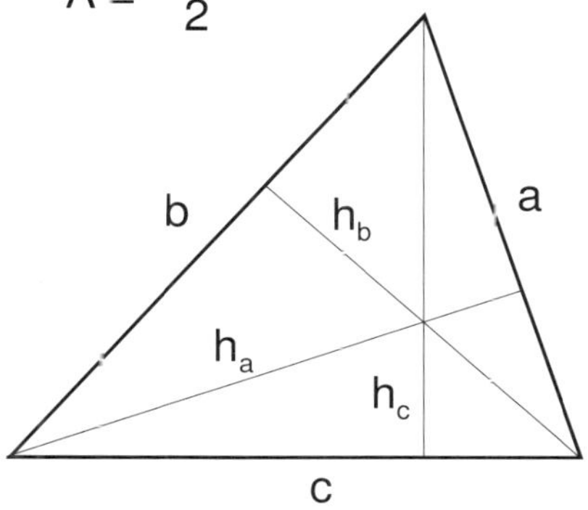

Dreieck

$u = a + b + c$

$A = \frac{a \cdot h_a}{2}$

$A = \frac{b \cdot h_b}{2}$

$A = \frac{c \cdot h_c}{2}$

Trapez

$u = a + b + c + d$

$A = m \cdot h$

$m = \frac{a + c}{2}$

$A = \frac{a + c}{2} \cdot h$

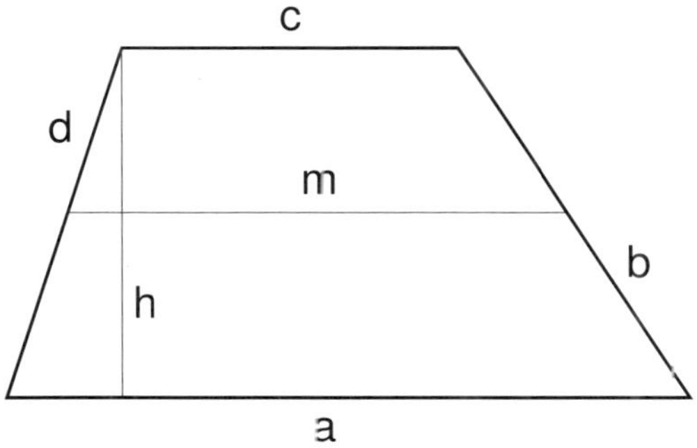

Komplizierte Flächen werden aufgeteilt in einfache Flächen, deren Flächeninhalte dann addiert oder subtrahiert werden können.

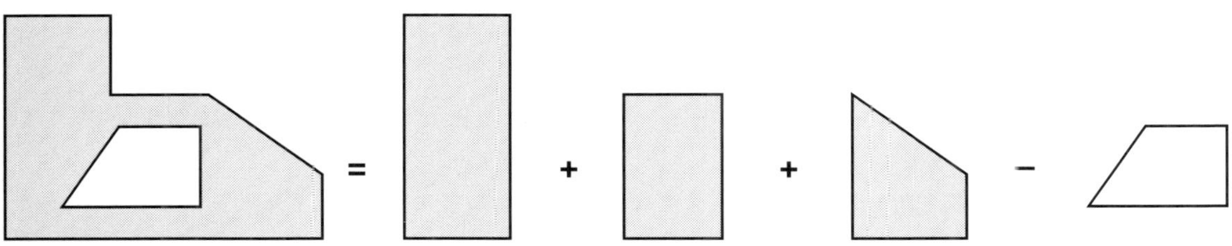

Gesamte Fläche 1. Fläche 2. Fläche 3. Fläche 4. Fläche

Wir berechnen Winkel

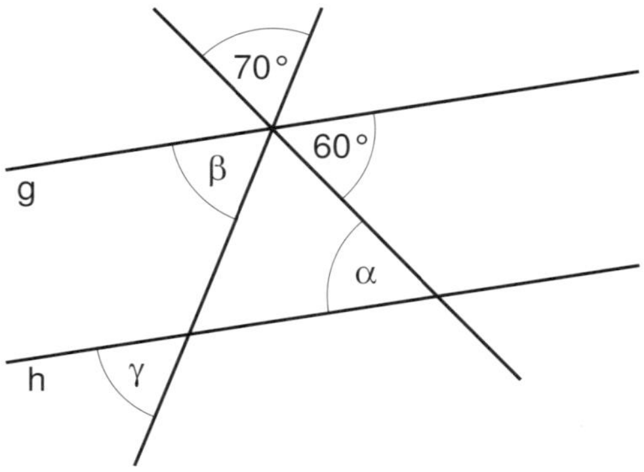

Die Geraden g und h sind parallel.
Wie groß sind die Winkel α, β und γ?

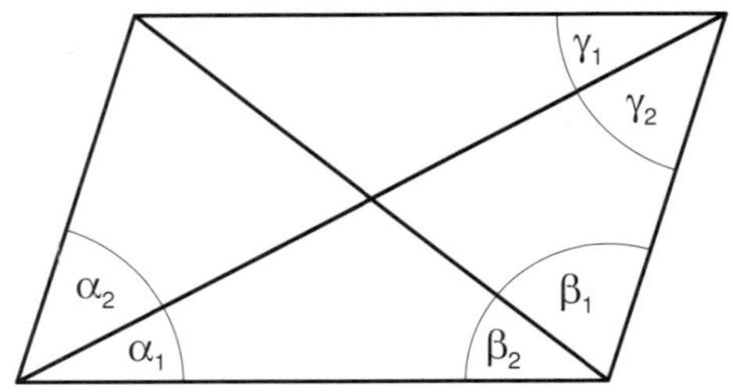

Wie groß sind die anderen Winkel?
$\alpha_1 = 25°$, $\alpha_2 = 35°$, $\beta_2 = 45°$

Berechne jeweils die eingezeichneten Winkel:

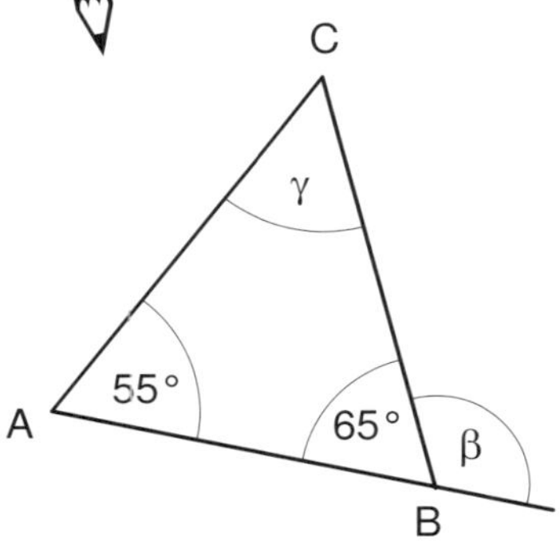

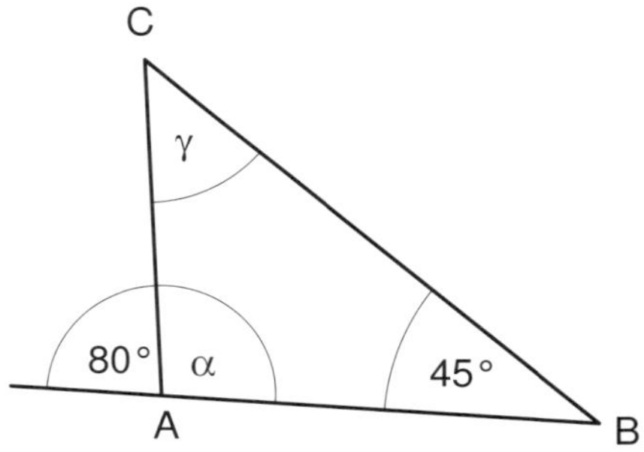

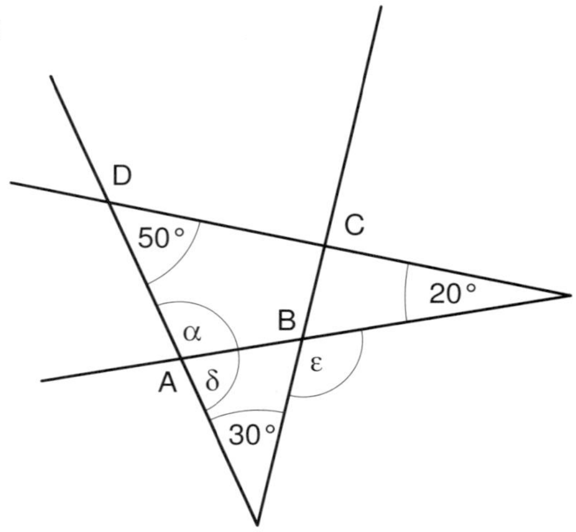

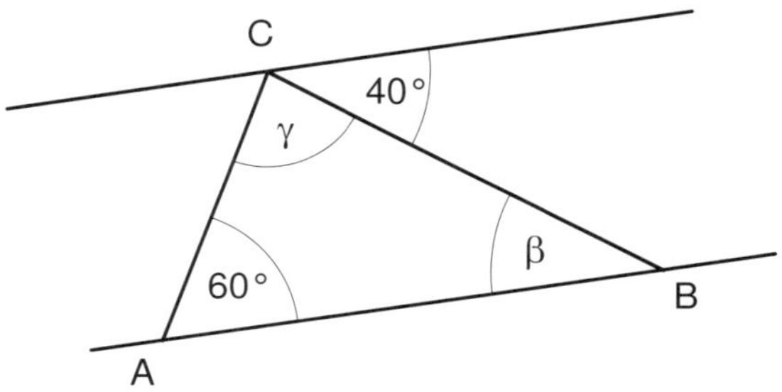

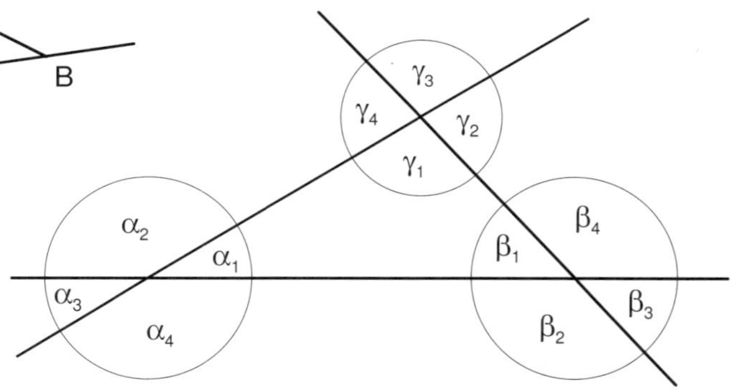

Wie groß sind die anderen Winkel?
$\alpha_1 = 31°$, $\beta_1 = 45°$

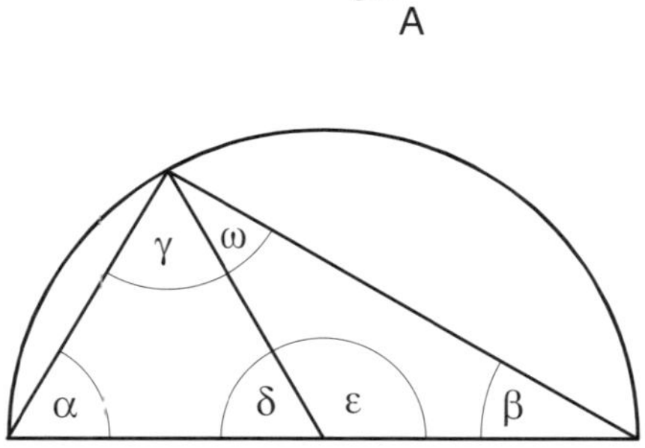

Wie groß sind die übrigen Winkel, wenn $\delta = 74°$ misst?

Wie groß sind die anderen Winkel?
$\beta = 55°$, $\beta_2 = 31°$

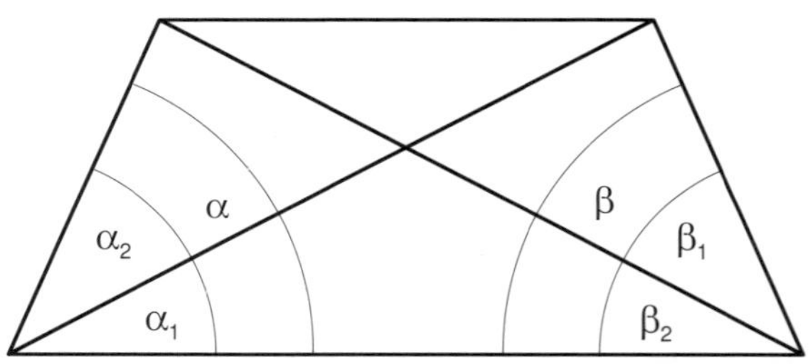

Wir berechnen Winkel

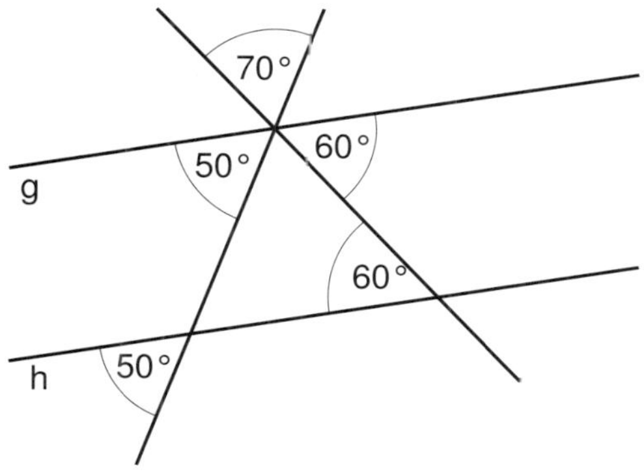

Die Geraden g und h sind parallel.
Wie groß sind die Winkel α, β und γ?

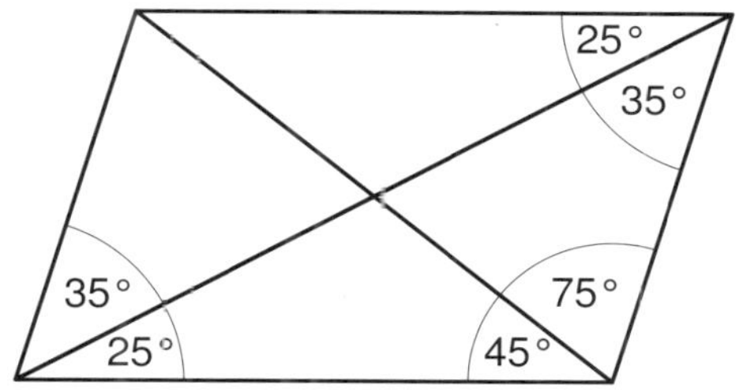

Wie groß sind die anderen Winkel?
$\alpha_1 = 25°, \alpha_2 = 35°, \beta_2 = 45°$

Berechne jeweils die eingezeichneten Winkel:

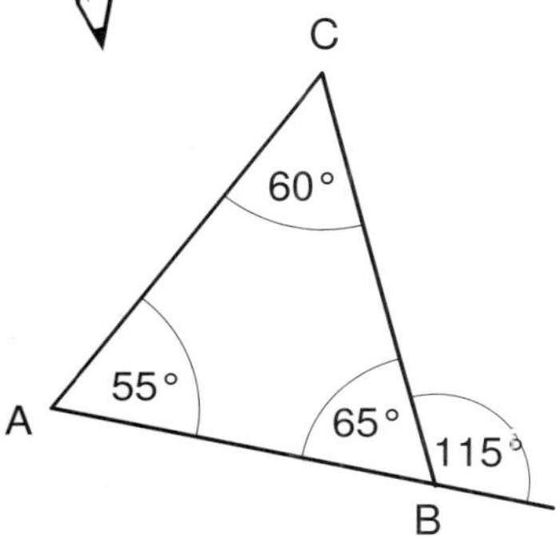

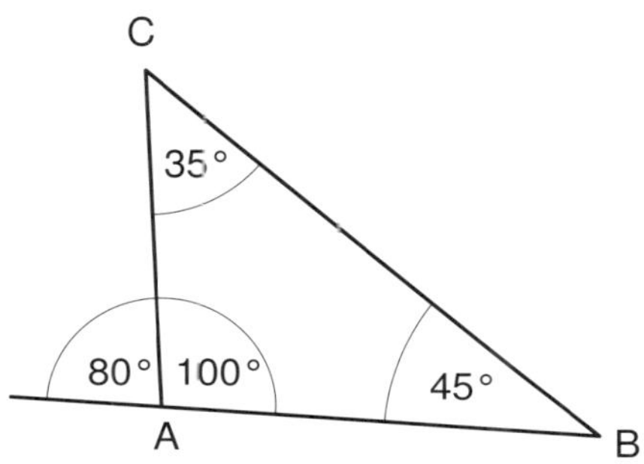

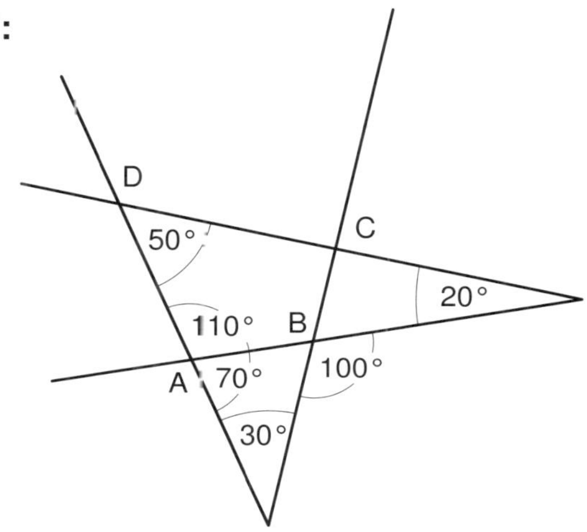

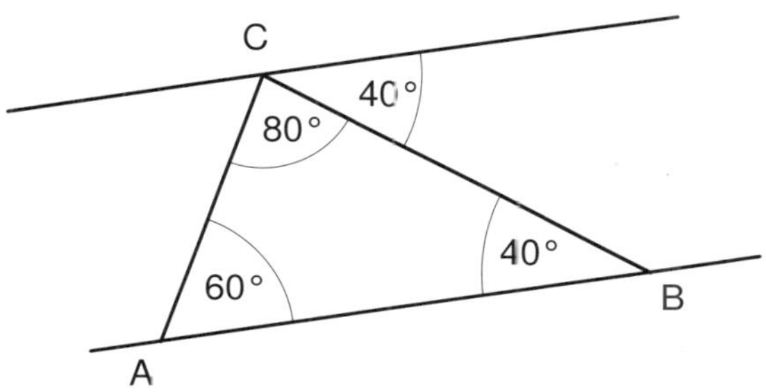

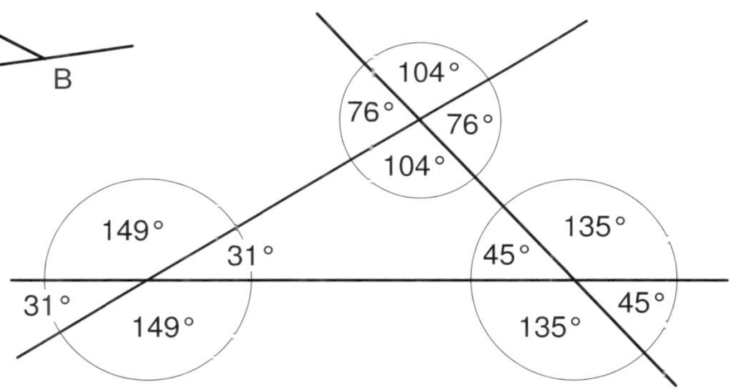

Wie groß sind die anderen Winkel?
$\alpha_1 = 31°, \beta_1 = 45°$

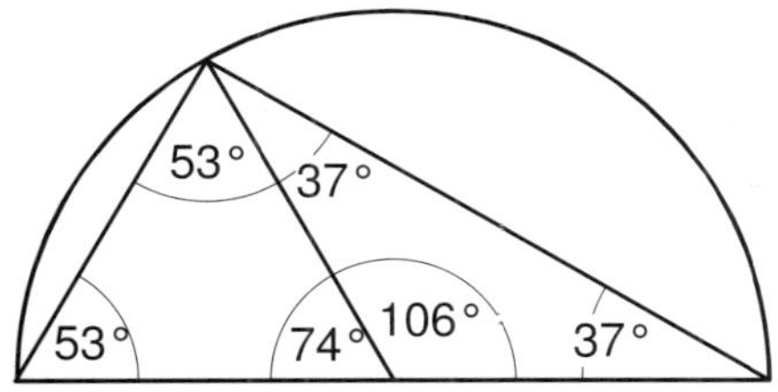

Wie groß sind die übrigen Winkel, wenn $\delta = 74°$ misst?

Wie groß sind die anderen Winkel?
$\beta = 55°, \beta_2 = 31°$

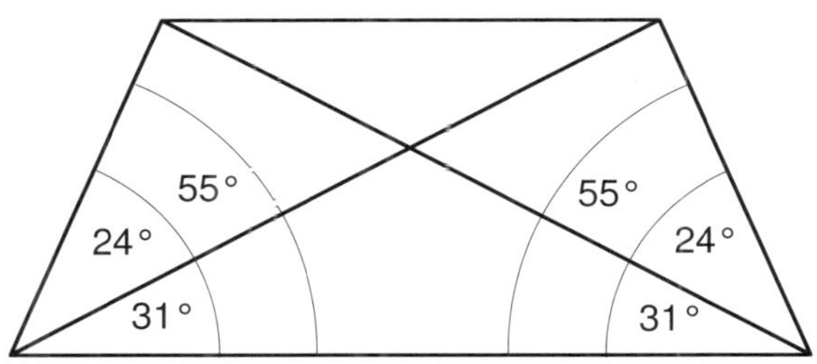

Wir multiplizieren mit Stufenzahlen

4362 • 1000 (4362 + 3 Nullen von 1000)	Ergebnis: 4 362 000
43,62 • 1000 (verschiebe Komma um 3 Stellen nach rechts)	Ergebnis: 43 620
250 • 0,01 (verschiebe Komma um 2 Stellen nach links)	Ergebnis: 2,5

5103 • 0,0001

4,3 • 1000

0,01 • 0,3564

35,9 • 0,00001

100 • 90,3

0,01 • 0,01

15,007 • 100000

0,04 • 100

24 • 0,001

623 • 100000

0,01 • 60

927 • 100000000

0,37 • 10

100 • 8,8

57 • 0,001

979 • 0,01

57 • 0,001

0,0039 • 10000

0,01 • 88

0,1 • 503

0,5713 • 0,0001

3,05 • 10

21710 • 0,001

0,1 • 30,46

0,007 • 0,0010

10000 • 0,01489

174 • 100

366,07 • 1000

0,976 • 0,01

0,00471 • 1000

0,0037 • 10000

174 • 100

6,5 • 1000

2,5 • 1000000

3236 • 0,000001

Prof. Brian Teaser

Mathematik zum Auffrischen

Wir multiplizieren mit Stufenzahlen

4362 • 1000 (4362 + 3 Nullen von 1000)	Ergebnis: 4 362 000
43,62 • 1000 (verschiebe Komma um 3 Stellen nach rechts)	Ergebnis: 43 620
250 • 0,01 (verschiebe Komma um 2 Stellen nach links)	Ergebnis: 2,5

5103 • 0,001 = 5,103

4,3 • 1000 = 4300

0,01 • 0,3564 = 0,003564

35,9 • 0,00001 = 0,000359

100 • 90,3 = 9030

0,01 • 0,01 = 0,0001

15,007 • 100000 = 1500700

0,04 • 100 = 4

24 • 0,001 = 0,024

623 • 1000000 = 623000000

0,01 • 60 = 0,6

927 • 100000000 = 92700000000

0,37 • 10 = 3,7

100 • 8,8 = 880

57 • 0,001 = 0,057

979 • 0,01 = 9,79

57 • 0,001 = 0,057

0,0039 • 10000 = 39

0,01 • 88 = 0,88

0,1 • 503 = 50,3

0,5713 • 0,0001 = 0,00005713

3,05 • 10 = 30,5

21710 • 0,001 = 21,71

0,1 • 30,46 = 3,046

0,007 • 0,0010 = 0,0000007

10000 • 0,01489 = 148,9

174 • 100 = 17400

366,07 • 1000 = 366070

0,976 • 0,01 = 0,00976

0,00037 • 100000 = 37

0,00471 • 1000 = 4,71

174 • 100 = 17400

6,5 • 1000 = 6500

2,5 • 1000000 = 2500000

3236 • 0,000001 = 0,003236

Prof. Brian Teaser

Mathematik zum Auffrischen

Wir rechnen mit Stufenzahlen

$100 \cdot 0{,}007 =$

$0{,}0753 : 10 =$

$1{,}35 : 10 =$

$0{,}023 : 100 =$

$16795005{,}36 : 100000000 =$

$10000 \cdot 3{,}65 =$

$25 : 0{,}1 =$

$0{,}407 \cdot 100000 =$

$0{,}3 : 100 =$

$0{,}0078 : 0{,}001 =$

$3{,}203 : 100 =$

$0{,}06 : 0{,}01 =$

$29{,}5 : 1000 =$

$0{,}5 \cdot 100 =$

$0{,}03 : 100 =$

$6120{,}07 : 0{,}001 =$

$0{,}03 \cdot 1000 =$

$0{,}0076 : 100 =$

$6 : 0{,}0001 =$

$5 : 100000 =$

$0{,}004 \cdot 100 =$

$10000 : 0{,}01 =$

$34{,}6 : 0{,}001 =$

$310 : 0{,}01 =$

$34 \cdot 0{,}0001 =$

$1{,}2 \cdot 0{,}001 =$

$170{,}05 \cdot 0{,}01 =$

$44{,}8 : 0{,}001 =$

$176{,}5 : 0{,}01 =$

$124{,}5 \cdot 1000 =$

$0{,}1 \cdot 0{,}001 =$

$456000 \cdot 0{,}01 =$

$0{,}1 : 0{,}001 =$

$77000 : 10000 =$

$45 : 0{,}01 =$

$0{,}0645 : 0{,}00001 =$

$100 : 10000 =$

$0{,}2309 \cdot 1000 =$

$10 : 10000 =$

$100000 \cdot 0{,}09 =$

$100 \cdot 100 =$

$57 : 0{,}001 =$

$40 \cdot 0{,}0001 =$

$17 \cdot 0{,}0001 =$

$0{,}001 \cdot 5 =$

$17 : 100000 =$

$5 : 0{,}001 =$

Wir rechnen mit Stufenzahlen

100 • 0,007 = 0,7	0,0753 : 10 = 0,00753
1,35 : 10 = 0,135	0,023 : 100 = 0,00023
16795005,36 : 10000000 = 1,679500536	
10000 • 3,65 = 36500	25 : 0,1 = 250
0,407 • 100000 = 40700	0,3 : 100 = 0,003
0,0078 : 0,001 = 7,8	3,203 : 100 = 0,03203
0,06 : 0,01 = 6	29,5 : 1000 = 0,0295
0,5 • 100 = 50	0,03 : 100 = 0,0003
6120,07 : 0,001 = 6120070	0,03 • 1000 = 30
0,0076 : 100 = 0,000076	6 : 0,0001 = 60000
5 : 100000 = 0,00005	0,004 • 100 = 0,4
10000 : 0,01 = 1000000	34,6 : 0,001 = 34600
310 : 0,01 = 31000	34 • 0,0001 = 0,0034
1,2 • 0,001 = 0,0012	170,05 • 0,01 = 1,7005
44,8 : 0,001 = 44800	176,5 : 0,01 = 17650
124,5 • 1000 = 124500	0,1 • 0,001 = 0,0001
456000 • 0,01 = 4560	0,1 : 0,001 = 100
77000 : 10000 = 7,7	45 : 0,01 = 4500
0,0645 : 0,00001 = 6450	100 : 10000 = 0,01
0,2309 • 1000 = 230,9	10 : 10000 = 0,001
100000 • 0,09 = 9000	100 • 100 = 10000
57 : 0,001 = 57000	40 • 0,0001 = 0,004
17 • 0,0001 = 0,0017	0,001 • 5 = 0,005
17 : 100000 = 0,00017	5 : 0,001 = 5000

Wir rechnen mit Potenzen

Exponent

$5^3 = 125$

Basis — Potenzwert

$3^4 = 3 \cdot 3 \cdot 3 \cdot 3$

$a^4 = a \cdot a \cdot a \cdot a$

der Faktor a taucht insgesamt viermal auf

Multiplizieren und Dividieren von Potenzen mit gleicher Basis

$a^x \cdot a^y = a^{x+y}$

$a^x : a^y = a^{x-y}$

Multiplizieren und Dividieren von Potenzen mit gleichem Exponenten

$a^x \cdot b^x = (a \cdot b)^x$

$a^x : b^x = (\frac{a}{b})^x$

Zehnerpotenzen

$10^0 = 1$

$10^1 = 10$

$10^2 = 100$

$10^3 = 1000$

$12500 = 1{,}25 \cdot 10^4$

$350000 = 3{,}5 \cdot 10^5$

$1625000 = 1{,}625 \cdot 10^6$

1. Schreibe als Potenz.

a) $x \cdot x \cdot x =$

b) $5 \cdot 5 \cdot 5 =$

c) $10 \cdot 10 \cdot 10 \cdot 10 \cdot 10 =$

2. Schreibe als Potenz.

a) $32 =$

b) $49 =$

c) $64 =$

d) $400 =$

e) $512 =$

f) $16 =$

3. Schreibe als Zehnerpotenz.

a) Entfernung Erde zur Sonne 150 000 000 km

b) Die Lichtgeschwindigkeit beträgt 300 000 km/s

c) Die Oberfläche der Erde beträgt 510 000 000 km^2

d) Das Volumen der Sonne beträgt 1400000000000000000 km^3

4. Schreibe als eine Potenz.

a) $10^5 \cdot 10^8 =$

b) $6^3 \cdot 6 =$

c) $40^3 \cdot 40^4 =$

d) $x^2 \cdot x^3 =$

e) $x^6 \cdot x^8 \cdot x =$

f) $3^3 \cdot 3^5 \cdot 3 =$

5. Schreibe als eine Potenz.

a) $5^3 \cdot 6^3 =$

b) $10^4 \cdot 0{,}5^4 =$

c) $25^4 \cdot 4^4 =$

d) $3^5 \cdot 1{,}2^5 \cdot 5^5 =$

e) $0{,}1^9 \cdot 2{,}5^9 \cdot 4^9 =$

f) $300^{12} \cdot 0{,}02^{12} \cdot 0{,}5^{12} =$

6. Berechne den Potenzwert

a) $2^3 \cdot 3^3 =$

b) $4^4 \cdot 0{,}5^4 =$

c) $2^6 \cdot 5^6 =$

d) $12^2 : 3^2 =$

e) $4^4 : 2^4 =$

f) $8^5 : 2^5 =$

Wir rechnen mit Potenzen

Exponent

$5^3 = 125$

Basis Potenzwert

$3^4 = 3 \cdot 3 \cdot 3 \cdot 3$

$a^4 = a \cdot a \cdot a \cdot a$

der Faktor a taucht insgesamt viermal auf

Multiplizieren und Dividieren von Potenzen mit gleicher Basis

$a^x \cdot a^y = a^{x+y}$

$a^x : a^y = a^{x-y}$

Multiplizieren und Dividieren von Potenzen mit gleichem Exponenten

$a^x \cdot b^x = (a \cdot b)^x$

$a^x : b^x = (\frac{a}{b})^x$

Zehnerpotenzen

$10^0 = 1$

$10^1 = 10$

$10^2 = 100$

$10^3 = 1000$

$12500 = 1{,}25 \cdot 10^4$

$350000 = 3{,}5 \cdot 10^5$

$1625000 = 1{,}625 \cdot 10^6$

1. Schreibe als Potenz.

a) $x \cdot x \cdot x = x^3$

b) $5 \cdot 5 \cdot 5 = 5^3$

c) $10 \cdot 10 \cdot 10 \cdot 10 \cdot 10 = 10^5$

2. Schreibe als Potenz.

a) $32 = 2^5$

b) $49 = 7^2$

c) $64 = 2^6, 4^3, 8^2$

d) $400 = 20^2$

e) $512 = 2^9, 8^3$

f) $16 = 2^4, 4^2$

3. Schreibe als Zehnerpotenz.

a) Entfernung Erde zur Sonne 150 000 000 km — $1{,}5 \cdot 10^8$ km

b) Die Lichtgeschwindigkeit beträgt 300 000 km/s — $3 \cdot 10^5$ km/s

c) Die Oberfläche der Erde beträgt 510 000 000 km^2 — $5{,}1 \cdot 10^8$ km^2

d) Das Volumen der Sonne beträgt 1400000000000000000 km^3 — $1{,}4 \cdot 10^{18}$ km^3

4. Schreibe als eine Potenz.

a) $10^5 \cdot 10^8 = 10^{13}$

b) $6^3 \cdot 6 = 6^4$

c) $40^3 \cdot 40^4 = 40^7$

d) $x^2 \cdot x^3 = x^5$

e) $x^6 \cdot x^8 \cdot x = x^{15}$

f) $3^3 \cdot 3^5 \cdot 3 = 3^9$

5. Schreibe als eine Potenz.

a) $5^3 \cdot 6^3 = 30^3$

b) $10^4 \cdot 0{,}5^4 = 5^4$

c) $25^4 \cdot 4^4 = 100^4$

d) $3^5 \cdot 1{,}2^5 \cdot 5^5 = 18^5$

e) $0{,}1^9 \cdot 2{,}5^9 \cdot 4^9 = 1^9$

f) $300^{12} \cdot 0{,}02^{12} \cdot 0{,}5^{12} = 3^{12}$

6. Berechne den Potenzwert

a) $2^3 \cdot 3^3 = 6^3 = 216$

b) $4^4 \cdot 0{,}5^4 = 2^4 = 16$

c) $2^6 \cdot 5^6 = 10^6 = 1000000$

d) $12^2 : 3^2 = 4^2 = 16$

e) $4^4 : 2^4 = 2^4 = 16$

f) $8^5 : 2^5 = 4^5 = 1024$

Wir kennen uns mit Prozenten aus (1)

1 Prozent bedeutet $\frac{1}{100}$ (1 % = $\frac{1}{100}$)

p Prozent bedeutet $\frac{p}{100}$ (p % = $\frac{p}{100}$)

Wie viel Prozent sind das?

a) $\frac{22}{100}$ = **d)** $\frac{14}{50}$ = **g)** $\frac{1}{8}$ = **j)** $\frac{34}{200}$ = **m)** $\frac{1}{5}$ =

b) $\frac{50}{100}$ = **e)** $\frac{1}{2}$ = **h)** $\frac{3}{10}$ = **k)** $\frac{75}{500}$ = **n)** $\frac{23}{50}$ =

c) $\frac{8}{100}$ = **f)** $\frac{3}{4}$ = **i)** $\frac{3}{25}$ = **l)** $\frac{11}{20}$ = **o)** $\frac{5}{8}$ =

Wie viel Prozent der Flächen sind jeweils gekennzeichnet?

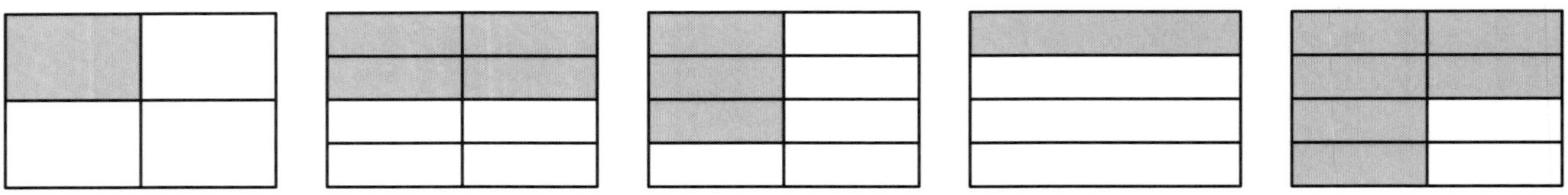

Färbe in den Figuren den angegebenen Prozentsatz ein.

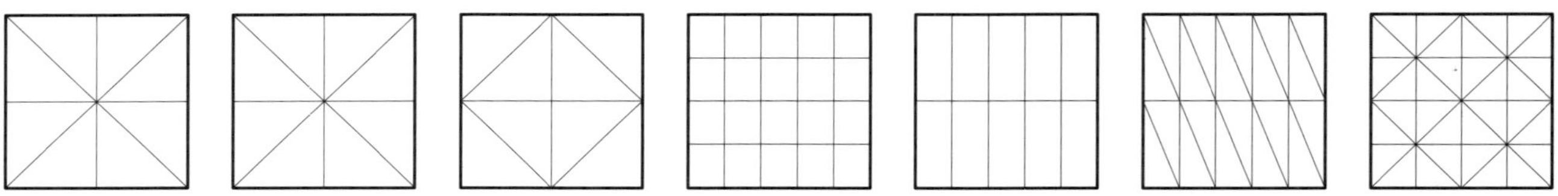

62,5 % 25 % 50 % 15 % 30 % 35 % 15,625 %

Berechne im Kopf.

a) 25 % von 200 g
b) 10 % von 500 t
c) 75 % von 120 €
d) 2 % von 150 cm
e) 12,5 % von 8000 km
f) 5 % von 10000 Stück
g) 30 % von 600 $
h) 50 % von 360 h
i) 6,25 % von 32 €
j) 5 % von 5000 €
k) 1 % von 50000 t
l) 7,5 % von 4000 t
m) 12,5 % von 240 cm
n) 60 % von 800 m
o) 0,5 % von 1000 Stück
p) $33\frac{1}{3}$ % von 900 kg
q) 6 % von 50000 $
r) 37,5 % von 88 €

Wir kennen uns mit Prozenten aus (1)

1 Prozent bedeutet $\frac{1}{100}$ $\left(1\,\% = \frac{1}{100}\right)$

p Prozent bedeutet $\frac{p}{100}$ $\left(p\,\% = \frac{p}{100}\right)$

Wie viel Prozent sind das?

a) $\frac{22}{100} = 22\,\%$	**d)** $\frac{14}{50} = 28\,\%$	**g)** $\frac{1}{8} = 12{,}5\,\%$	**j)** $\frac{34}{200} = 17\,\%$	**m)** $\frac{1}{5} = 20\%$
b) $\frac{50}{100} = 50\,\%$	**e)** $\frac{1}{2} = 50\,\%$	**h)** $\frac{3}{10} = 30\,\%$	**k)** $\frac{75}{500} = 15\,\%$	**n)** $\frac{23}{50} = 46\,\%$
c) $\frac{8}{100} = 8\,\%$	**f)** $\frac{3}{4} = 75\,\%$	**i)** $\frac{3}{25} = 12\,\%$	**l)** $\frac{11}{20} = 55\,\%$	**o)** $\frac{5}{8} = 62{,}5\,\%$

Wie viel Prozent der Flächen sind jeweils gekennzeichnet?

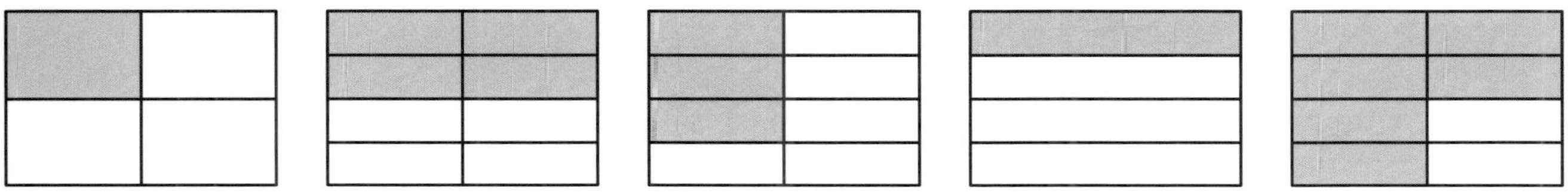

25 %   50 %   37,5%   25%   75%

Färbe in den Figuren den angegebenen Prozentsatz ein.

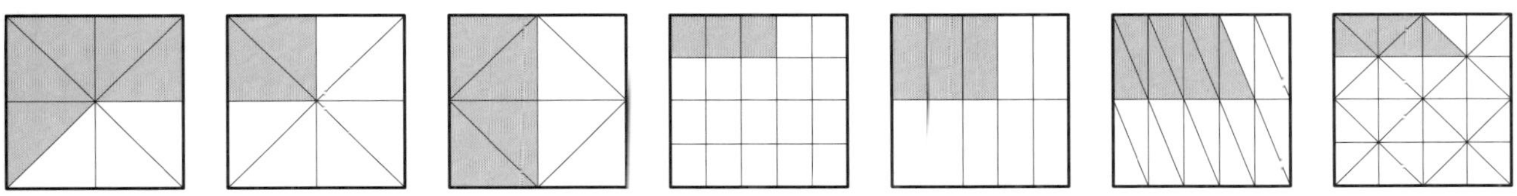

62,5 %   25 %   50 %   15 %   30 %   35 %   15,625 %

Berechne im Kopf.

a)	25 % von 200 g	50 g	**j)**	5 % von 5000 €	250 €
b)	10 % von 500 t	50 t	**k)**	1 % von 50000 t	500 t
c)	75 % von 120 €	90 €	**l)**	7,5 % von 4000 t	300 t
d)	2 % von 150 cm	3 cm	**m)**	12,5 % von 240 cm	30 cm
e)	12,5 % von 8000 km	1000 km	**n)**	60 % von 800 m	480 m
f)	5 % von 10000 Stück	500 Stück	**o)**	0,5 % von 1000 Stück	5 Stück
g)	30 % von 600 $	180 $	**p)**	$33\frac{1}{3}$ % von 900 kg	300 kg
h)	50 % von 360 h	180 h	**q)**	6 % von 50000 $	3000 $
i)	6,25 % von 32 €	2 €	**r)**	37,5 % von 88 €	33 €

Wir kennen uns mit Prozenten aus (2)

Wie viel Prozent sind es jeweils? Rechne im Kopf.

a) 12,50 € von 50 €

b) 2 kg von 10 kg

c) 30 von 50 Schülern

d) 68 t von 200 t

e) 53 Cent von 2,12 €

f) 15 t von 120 t

g) 15 € von 20 €

h) 40 von 250 Frauen

i) 6 $ von 30 $

j) 36 cm von 3,6 m

Rechne im Kopf. Wie viel sind 100 %?

a) 10 % sind 23 €

b) 5 % sind 18 kg

c) 25 % sind 12 km

d) 12,5 % sind 17 t

e) 1 % sind 5 m

f) 4 % sind 24 h

g) 90 % sind 630 €

h) 6,25 % sind 2 kg

i) 75 % sind 1500 $

j) $33\frac{1}{3}$ % sind 140 kg

Prozentwert (W)
Grundwert (G)
Prozentsatz (p %)

Wie viel sind 12 % von 750 €?
G = 760 €, p % = 12, gesucht wird **W**

$$W = \frac{G \cdot p}{100}$$

$$W = \frac{760 \cdot 12}{100}$$

W = 91,20 (€)

Rechne im Kopf. Wie viel sind 100 %?

	Grundwert	Prozentsatz	Prozentwert
a)	2500 m	3 %	
b)	3250 €	11 %	
c)	31200 t	17 %	
d)	5320 ℓ	4,5 %	
e)	630 km	9 %	
f)	42000 $	15 %	
g)	7600 cm	82 %	
h)	400 €	8,25 %	
i)	45 kg	6 %	
j)	8060 m	13 %	
k)	212 g	25 %	
l)	4260 $	40 %	
m)	300 €	62,5 %	
n)	2000 t	3,25 %	

Wir kennen uns mit Prozenten aus (2)

Wie viel Prozent sind es jeweils? Rechne im Kopf.

a)	12,50 € von 50 €	**25 %**	**f)**	15 t von 120 t	**12,5 %**
b)	2 kg von 10 kg	**20 %**	**g)**	15 € von 20 €	**75 %**
c)	30 von 50 Schülern	**60 %**	**h)**	40 von 250 Frauen	**16 %**
d)	68 t von 200 t	**34 %**	**i)**	6 $ von 30 $	**20 %**
e)	53 Cent von 2,12 €	**25 %**	**j)**	36 cm von 3,6 m	**10 %**

Rechne im Kopf. Wie viel sind 100 %?

a)	10 % sind 23 €	**230 €**	**f)**	4 % sind 24 h	**600 h**
b)	5 % sind 18 kg	**360 kg**	**g)**	90 % sind 630 €	**700 €**
c)	25 % sind 12 km	**48 km**	**h)**	6,25 % sind 2 kg	**32 kg**
d)	12,5 % sind 17 t	**136 t**	**i)**	75 % sind 1500 $	**2000 $**
e)	1 % sind 5 m	**500 m**	**j)**	$33\frac{1}{3}$ % sind 140 kg	**420 kg**

Prozentwert (W)
Grundwert (G)
Prozentsatz (p %)

Wie viel sind 12 % von 750 €?
G = 760 €, p % = 12, gesucht wird **W**

$$W = \frac{G \cdot p}{100}$$

$$W = \frac{760 \cdot 12}{100}$$

W = 91,20 (€)

Rechne im Kopf. Wie viel sind 100 %?

	Grundwert	Prozentsatz	Prozentwert
a)	2500 m	3 %	**75 m**
b)	3250 €	11 %	**357,50 €**
c)	31200 t	17 %	**5304 t**
d)	5320 ℓ	4,5 %	**239,4 ℓ**
e)	630 km	9 %	**56,7 km**
f)	42000 $	15 %	**6300 $**
g)	7600 cm	82 %	**6232 cm**
h)	400 €	8,25 %	**33 €**
i)	45 kg	6 %	**2,7 kg**
j)	8060 m	13 %	**1047,8 m**
k)	212 g	25 %	**53 g**
l)	4260 $	40 %	**1704 $**
m)	300 €	62,5 %	**187,50 €**
n)	2000 t	3,25 %	**65 t**

Wir kennen uns mit Prozenten aus (3)

Prozentwert (W)
Grundwert (G)
Prozentsatz (p %)

$$W = \frac{G \cdot p}{100} \qquad G = \frac{W \cdot 100}{p} \qquad p = \frac{W \cdot 100}{G}$$

Berechne schriftlich die fehlenden Werte.

	Grundwert	Prozentsatz	Prozentwert
a)	3400 Cent		85 Cent
b)		14 %	72,80 €
c)	6400 kg	13 %	
d)	500 ℓ	6,5 %	
e)	4980 km		3735 km
f)	7850 $		785 $
g)		8,5 %	367,2 g
h)	5200 €		845 €
i)	4500 g	9 %	
j)		22,5 %	216 t
k)	328 kg		246 kg
l)		30 %	2022,60 $
m)	5600 g	38 %	
n)	2145 €		42,90 €
o)		7,5 %	6 h
p)	230 km		27,6 km
q)		80 %	51,2 cm
r)	750 m	42,5 %	
s)	400 ha		35 ha
t)	250 a	4 %	
u)		13 %	44,2 mm
v)	5090 $		2290,50 $
w)		85 %	11050 €
x)	3700 kg		3441 kg
y)	4520 t	65 %	
z)		30 %	16,8 ha

Wir kennen uns mit Prozenten aus (3)

Prozentwert (W)
Grundwert (G)
Prozentsatz (p %)

$$W = \frac{G \cdot p}{100} \qquad G = \frac{W \cdot 100}{p} \qquad p = \frac{W \cdot 100}{G}$$

Berechne schriftlich die fehlenden Werte.

	Grundwert	Prozentsatz	Prozentwert
a)	3400 Cent	**2,5 %**	85 Cent
b)	**520 €**	14 %	72,80 €
c)	6400 kg	13 %	**832 kg**
d)	500 ℓ	6,5 %	**32,5 ℓ**
e)	4980 km	**75 %**	3735 km
f)	7850 $	**10 %**	785 $
g)	**4320 g**	8,5 %	367,2 g
h)	5200 €	**16,25 %**	845 €
i)	4500 g	9 %	**405 g**
j)	**960 t**	22,5 %	216 t
k)	328 kg	**75 %**	246 kg
l)	**6742 $**	30 %	2022,60 $
m)	5600 g	38 %	**2128 g**
n)	2145 €	**2 %**	42,90 €
o)	**80 h**	7,5 %	6 h
p)	230 km	**12 %**	27,6 km
q)	**64 cm**	80 %	51,2 cm
r)	750 m	42,5 %	**318,75 m**
s)	400 ha	**8,75 %**	35 ha
t)	250 a	4 %	**10 a**
u)	**340 mm**	13 %	44,2 mm
v)	5090 $	**45 %**	2290,50 $
w)	**13000 €**	85 %	11050 €
x)	3700 kg	**93 %**	3441 kg
y)	4520 t	65 %	**2938 t**
z)	**56 ha**	30 %	16,8 ha

Wir kennen uns mit Zinsen aus (1)

Prozentwert	**(W)**
Grundwert	**(G)**
Prozentsatz	**(p %)**
Zinsen	**(Z)**
Kapital	**(K)**
Zinssatz	**(p %)**

$$Z = \frac{K \cdot p}{100} \qquad K = \frac{Z \cdot 100}{p} \qquad p = \frac{Z \cdot 100}{K}$$

Die Formeln für die Zinsrechnung unterscheiden sich nicht von denen der Prozentrechnung, nur werden halt andere Bezeichnungen gewählt.

Berechne schriftlich die fehlenden Werte.

	Kapital	Zinssatz	Zinsen	Ausrechnung
a)		$3\frac{1}{2}$ %	84 €	
b)	7200 €	$4\frac{1}{4}$ %		
c)	3080 €		46,20 €	
d)	5600 €	$7\frac{3}{8}$ %		
e)	660 €		16,50 €	
f)	61300 €		7356 €	
g)	8400 €	$8\frac{3}{4}$ %		
h)	280 €		42 €	
i)		$2\frac{3}{8}$ %	56,24 €	
j)	1528 €	$5\frac{3}{4}$ %		
k)		$6\frac{1}{2}$ %	930,15 €	
l)		$4\frac{3}{4}$ %	133 €	
m)	1820 €		150,15 €	

Wir kennen uns mit Zinsen aus (1)

Prozentwert (W)
Grundwert (G)
Prozentsatz (p %)
Zinsen (Z)
Kapital (K)
Zinssatz (p %)

$$Z = \frac{K \cdot p}{100} \qquad K = \frac{Z \cdot 100}{p} \qquad p = \frac{Z \cdot 100}{K}$$

Die Formeln für die Zinsrechnung unterscheiden sich nicht von denen der Prozentrechnung, nur werden halt andere Bezeichnungen gewählt.

Berechne schriftlich die fehlenden Werte.

	Kapital	Zinssatz	Zinsen	Ausrechnung
a)	**2400 €**	$3\frac{1}{2}$ %	84 €	$K = \frac{84 \cdot 100 \cdot 2}{7}$
b)	7200 €	$4\frac{1}{4}$ %	**306 €**	$Z = \frac{7200 \cdot 17}{100 \cdot 4}$
c)	3080 €	**$1\frac{1}{2}$ %**	46,20 €	$p = \frac{46{,}20 \cdot 100}{3080}$
d)	5600 €	$7\frac{3}{8}$ %	**413 €**	$Z = \frac{5600 \cdot 59}{100 \cdot 8}$
e)	660 €	**$2\frac{1}{2}$ %**	16,50 €	$p = \frac{16{,}50 \cdot 100}{660}$
f)	61300 €	**12 %**	7356 €	$p = \frac{7356 \cdot 100}{61300}$
g)	8400 €	$8\frac{3}{4}$ %	**735 €**	$Z = \frac{8400 \cdot 35}{100 \cdot 4}$
h)	280 €	**15 %**	42 €	$p = \frac{42 \cdot 100}{280}$
i)	**2368 €**	$2\frac{3}{8}$ %	56,24 €	$K = \frac{56{,}24 \cdot 100 \cdot 8}{19}$
j)	1528 €	$5\frac{3}{4}$ %	**87,86 €**	$Z = \frac{1528 \cdot 23}{100 \cdot 4}$
k)	**14310 €**	$6\frac{1}{2}$ %	930,15 €	$K = \frac{930{,}15 \cdot 100 \cdot 2}{13}$
l)	**2800 €**	$4\frac{3}{4}$ %	133 €	$K = \frac{133 \cdot 100 \cdot 4}{19}$
m)	1820 €	**$8\frac{1}{4}$ %**	150,15 €	$p = \frac{150{,}15 \cdot 100}{1820}$

Wir kennen uns mit Zinsen aus (2)

Zinsen	**(Z)**
Kapital	**(K)**
Zinssatz	**(p %)**
Zeit	**(t)**

Die Zeit wird in Jahren angegeben

$$Z = \frac{K \cdot p \cdot t}{100} \qquad K = \frac{Z \cdot 100}{p \cdot t}$$

$$p = \frac{Z \cdot 100}{K \cdot t} \qquad t = \frac{Z \cdot 100}{K \cdot p}$$

Das Jahr hat im Bankwesen 360 Tage; jeder Monat hat 30 Tage, selbst der Februar.

Berechne schriftlich die fehlenden Werte. Denke ans Kürzen!

	Kapital	Zinssatz	Zinsen	Zeit	Ausrechnung
a)	1400 €	$4\frac{1}{2}$ %		3 Monate	
b)		$5\frac{1}{4}$ %	130,20 €	124 Tage	
c)	2980 €		29,80 €	72 Tage	
d)	16320 €	$4\frac{3}{8}$ %		5 Monate	
e)	5000 €	$7\frac{3}{4}$ %	116,25 €		
f)		$6\frac{3}{8}$ %	612 €	$\frac{3}{4}$ Jahr	
g)	16200 €	$1\frac{3}{4}$ %	126 €		
h)	560 €		15,40 €	$5\frac{1}{2}$ Monate	
i)	5600 €	$4\frac{3}{4}$ %		$\frac{1}{2}$ Jahr	
j)	54000 €	14 %	840 €		
k)		$4\frac{7}{8}$ %	130 €	2 Monate	
l)	8800 €	$6\frac{1}{4}$ %	206,25 €		
m)	1920 €		114 €	$9\frac{1}{2}$ Monate	

Wir kennen uns mit Zinsen aus (2)

Zinsen	**(Z)**
Kapital	**(K)**
Zinssatz	**(p %)**
Zeit	**(t)**

Die Zeit wird in Jahren angegeben

$$Z = \frac{K \cdot p \cdot t}{100} \qquad K = \frac{Z \cdot 100}{p \cdot t}$$

$$p = \frac{Z \cdot 100}{K \cdot t} \qquad t = \frac{Z \cdot 100}{K \cdot p}$$

Das Jahr hat im Bankwesen 360 Tage; jeder Monat hat 30 Tage, selbst der Februar.

Berechne schriftlich die fehlenden Werte.Denke ans Kürzen!

	Kapital	Zinssatz	Zinsen	Zeit	Ausrechnung
a)	1400 €	$4\frac{1}{2}$ %	**15,75 €**	3 Monate	$Z = \frac{1400 \cdot 9 \cdot 3}{100 \cdot 2 \cdot 12}$
b)	**7200 €**	$5\frac{1}{4}$ %	130,20 €	124 Tage	$K = \frac{130{,}20 \cdot 100 \cdot 4 \cdot 360}{21 \cdot 124}$
c)	2980 €	**5 %**	29,80 €	72 Tage	$p = \frac{29{,}80 \cdot 100 \cdot 360}{2980 \cdot 72}$
d)	16320 €	$4\frac{3}{8}$ %	**297,50 €**	5 Monate	$Z = \frac{16320 \cdot 35 \cdot 5}{100 \cdot 8 \cdot 12}$
e)	5000 €	$7\frac{3}{4}$ %	116,25 €	**108 Tage**	$t = \frac{116{,}25 \cdot 100 \cdot 4 \cdot 360}{5000 \cdot 31}$
f)	**12800 €**	$6\frac{3}{8}$ %	612 €	$\frac{3}{4}$ Jahr	$K = \frac{612 \cdot 100 \cdot 8 \cdot 4}{51 \cdot 3}$
g)	16200 €	$1\frac{3}{4}$ %	126 €	**160 Tage**	$t = \frac{126 \cdot 100 \cdot 4 \cdot 360}{16200 \cdot 7}$
h)	560 €	**6 %**	15,40 €	$5\frac{1}{2}$ Monate	$p = \frac{15{,}40 \cdot 100 \cdot 360}{560 \cdot 165}$
i)	5600 €	$4\frac{3}{4}$ %	**133 €**	$\frac{1}{2}$ Jahr	$Z = \frac{5600 \cdot 19 \cdot 1}{100 \cdot 4 \cdot 2}$
j)	54000 €	14 %	840 €	**40 Tage**	$t = \frac{840 \cdot 100 \cdot 360}{54000 \cdot 14}$
k)	**16000 €**	$4\frac{7}{8}$ %	130 €	2 Monate	$K = \frac{130 \cdot 100 \cdot 8 \cdot 12}{39 \cdot 2}$
l)	8800 €	$6\frac{1}{4}$ %	206,25 €	**135 Tage**	$t = \frac{206{,}25 \cdot 100 \cdot 4 \cdot 360}{8800 \cdot 25}$
m)	1920 €	**$7\frac{1}{2}$ %**	114 €	$9\frac{1}{2}$ Monate	$p = \frac{114 \cdot 100 \cdot 360}{1920 \cdot 285}$

Wir bestimmen Flächen

Wie heißen die hier gezeichneten Flächen?

Wir bestimmen Flächen

Wie heißen die hier gezeichneten Flächen?

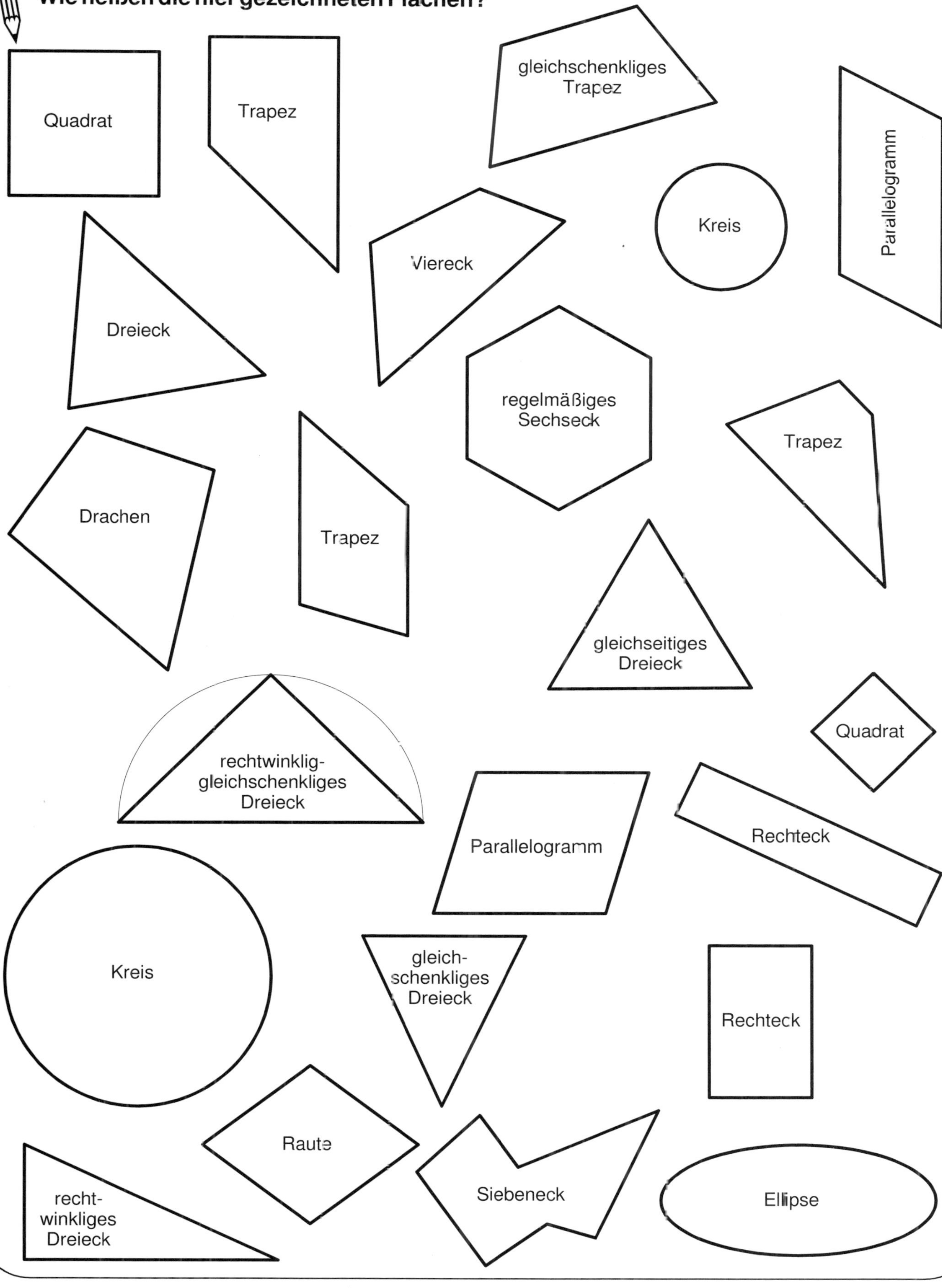

Wir bestimmen Körper

Wie nennt man die einzelnen Körper in der Mathematik?

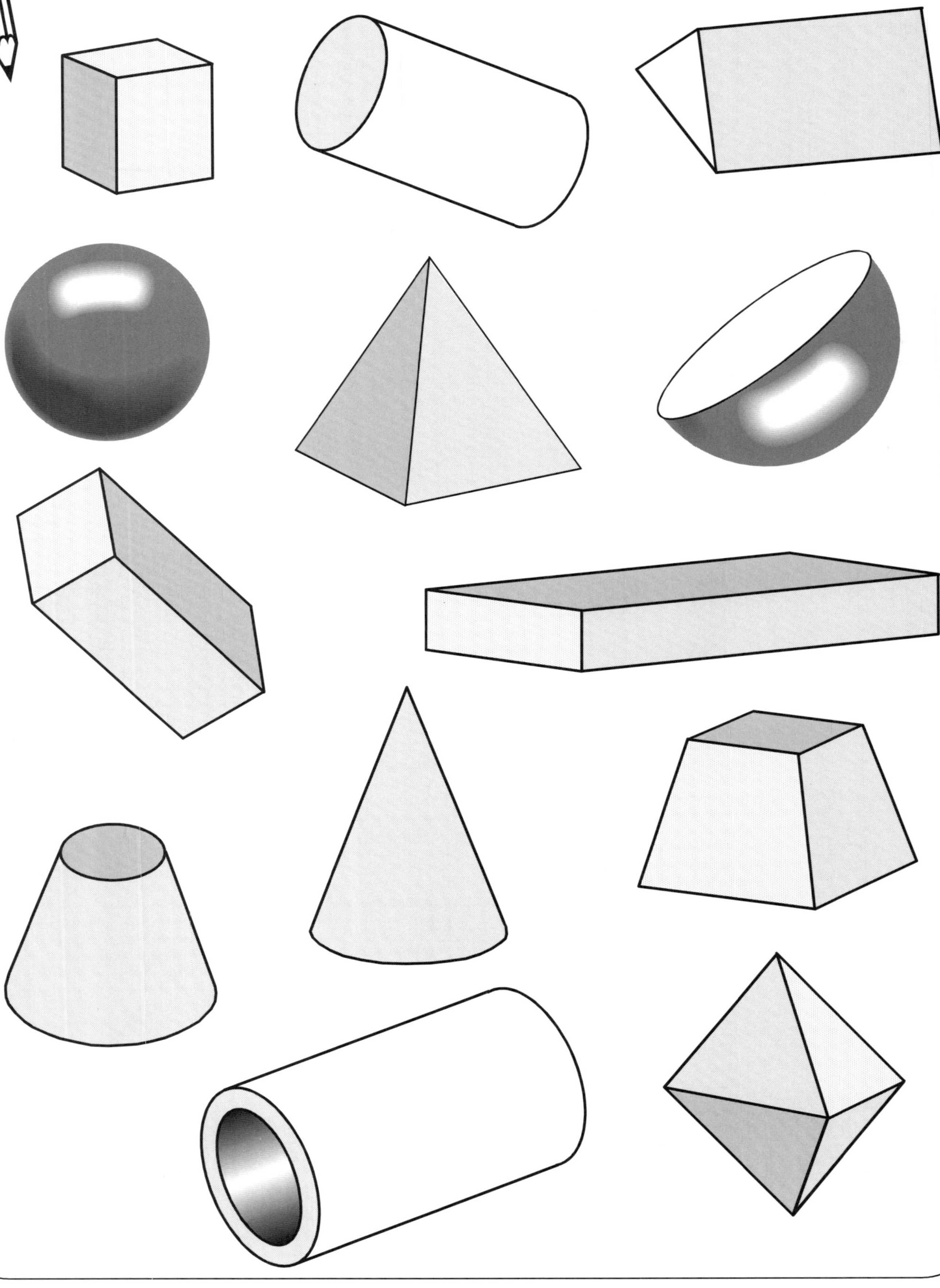

Wir bestimmen Körper

Wie nennt man die einzelnen Körper in der Mathematik?

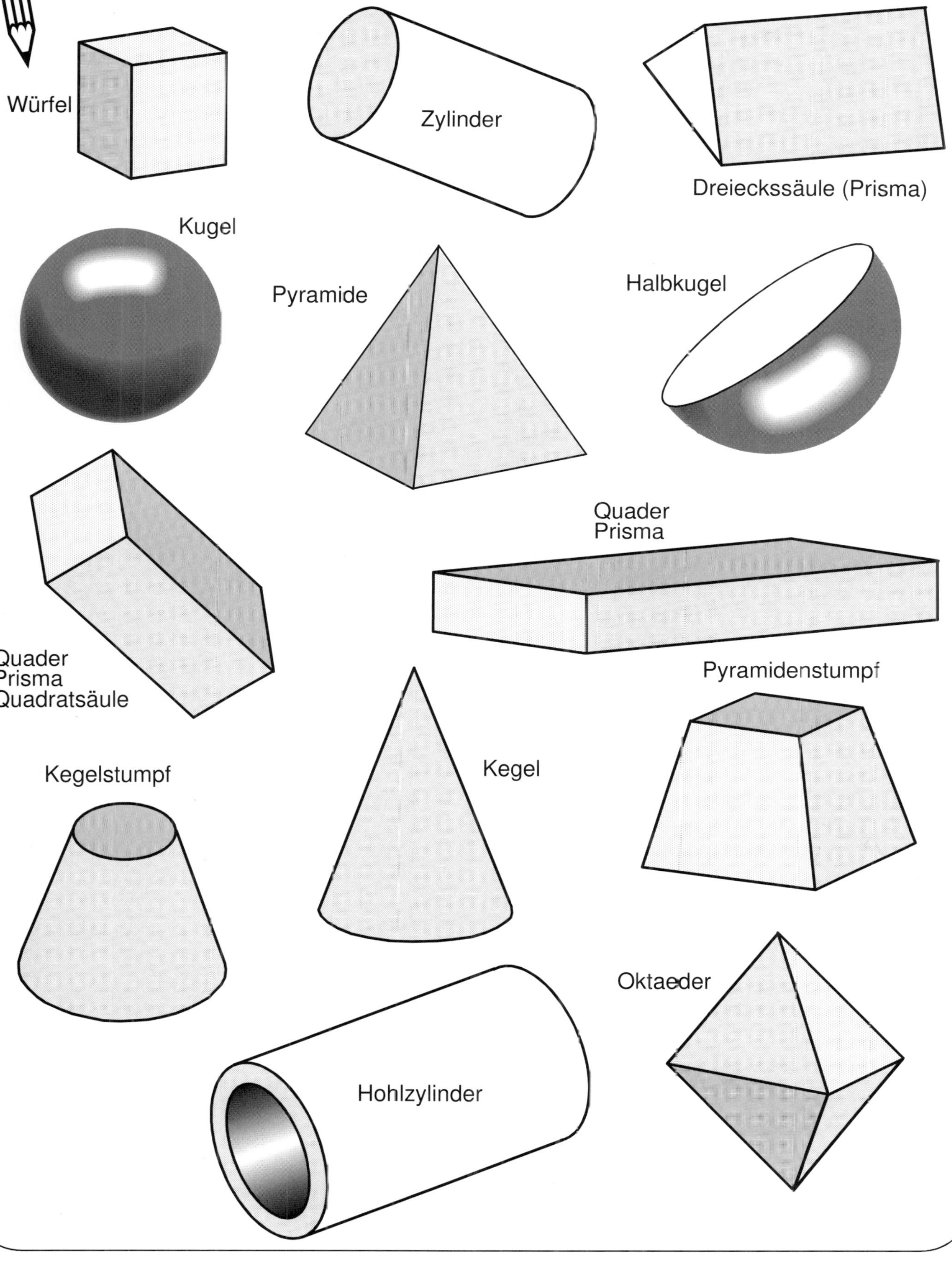

Wir berechnen Flächeninhalte

Berechne die Flächeninhalte der 12 abgebildeten Figuren.
Zur Auswahl stehen 22 Ergebnisse, von denen selbstverständlich nur 12 richtig sein können. Bei richtiger Lösung ergeben die daneben stehenden Kennbuchstaben - von oben nach unten gelesen - den medizinischen Begriff für ein übersteigertes Schmerzempfinden.

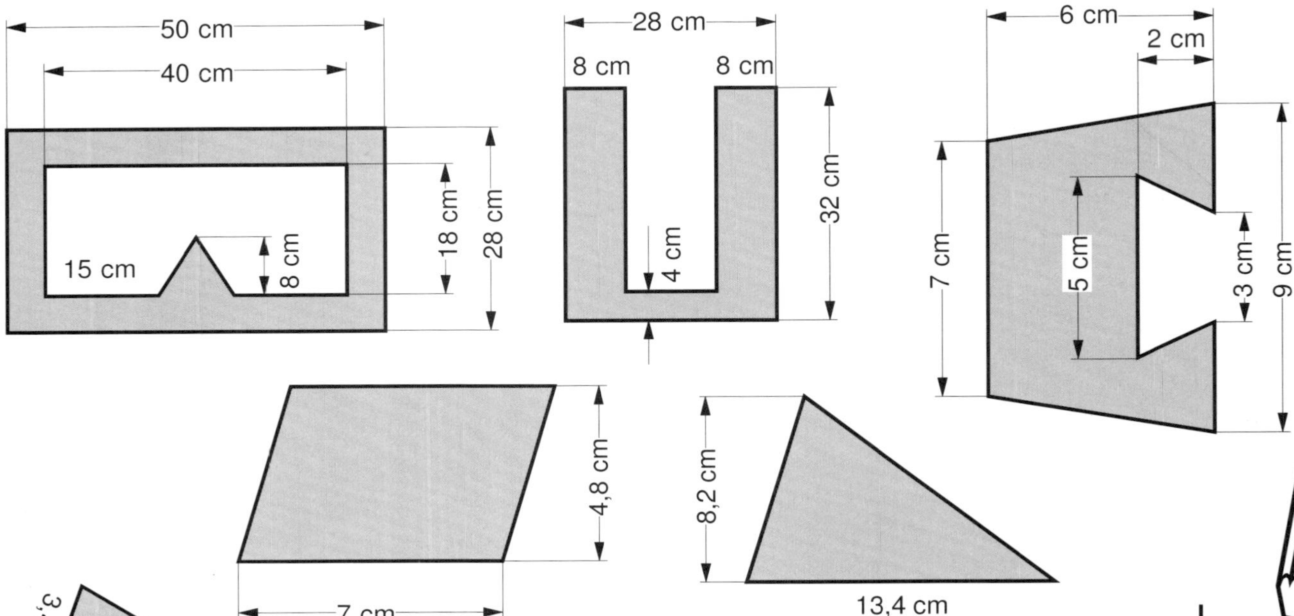

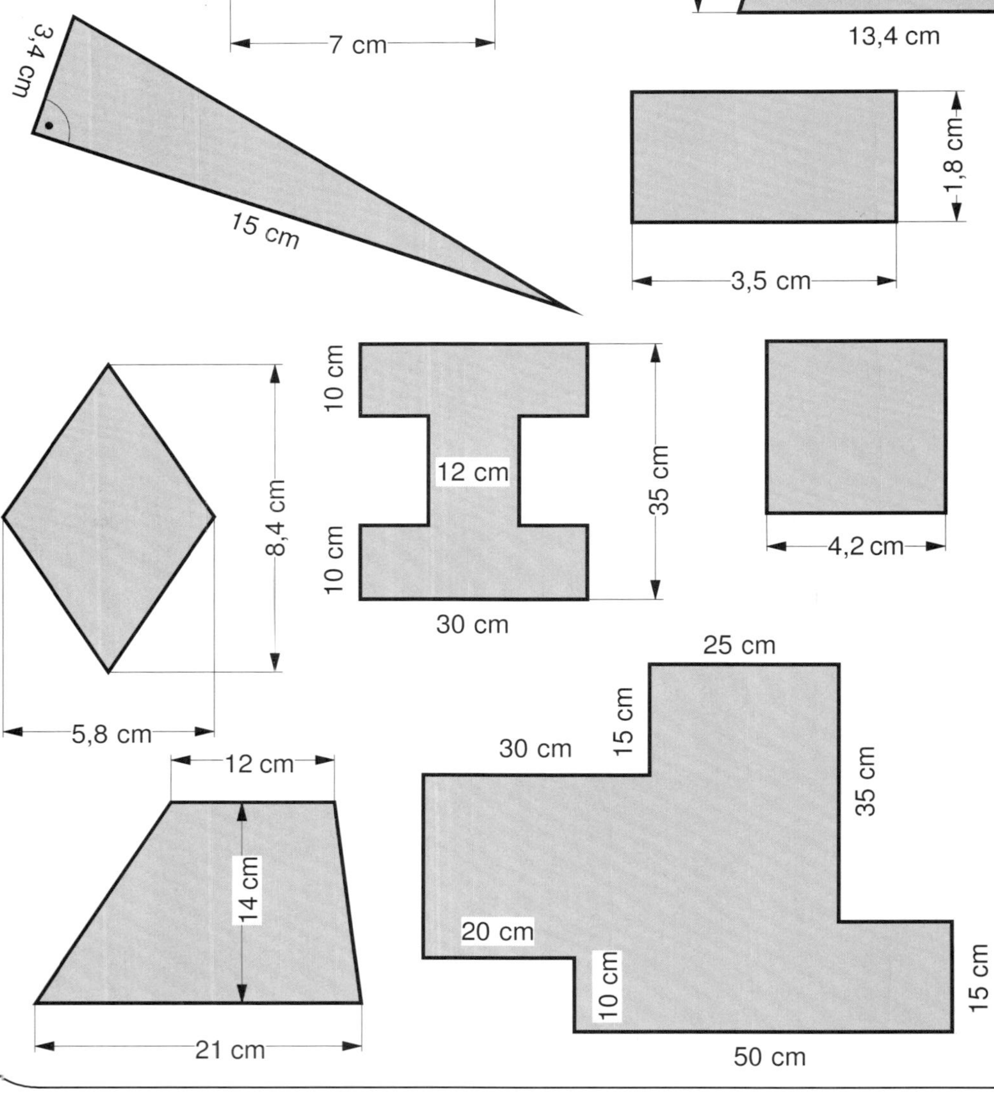

213 cm^2	A	___
560 cm^2	H	___
75,2 cm^2	T	___
150,80 cm^2	Q	___
24,36 cm^2	Y	___
720 cm^2	P	___
33,9 cm^2	R	___
64,2 cm^2	Z	___
780 cm^2	E	___
68,5 cm^2	O	___
17,64 cm^2	R	___
190,85 cm^2	N	___
87,12 cm^2	S	___
25,5 cm^2	A	___
6,3 cm^2	L	___
33,6 cm^2	G	___
63,62 cm^2	B	___
105,2 cm^2	D	___
40 cm^2	E	___
54,94 cm^2	S	___
2325 cm^2	I	___
231 cm^2	E	___

Wir berechnen Flächeninhalte

Berechne die Flächeninhalte der 12 abgebildeten Figuren.
Zur Auswahl stehen 22 Ergebnisse, von denen selbstverständlich nur 12 richtig sein können. Bei richtiger Lösung ergeben die daneben stehenden Kennbuchstaben - von oben nach unten gelesen - den medizinischen Begriff für ein übersteigertes Schmerzempfinden.

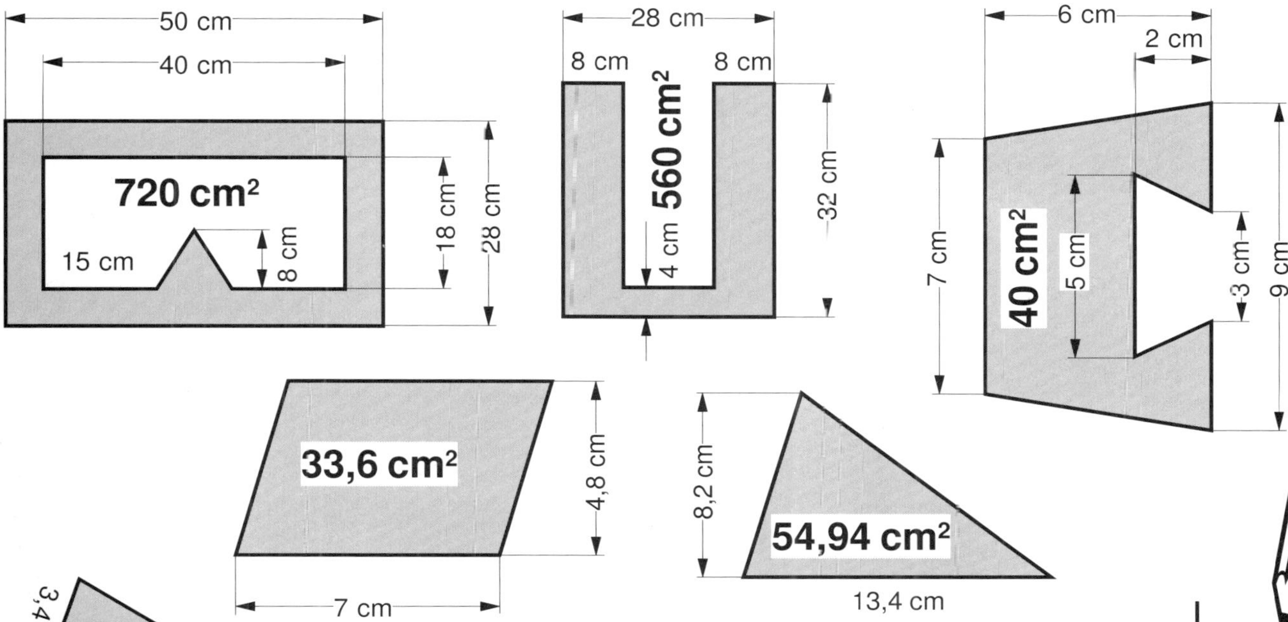

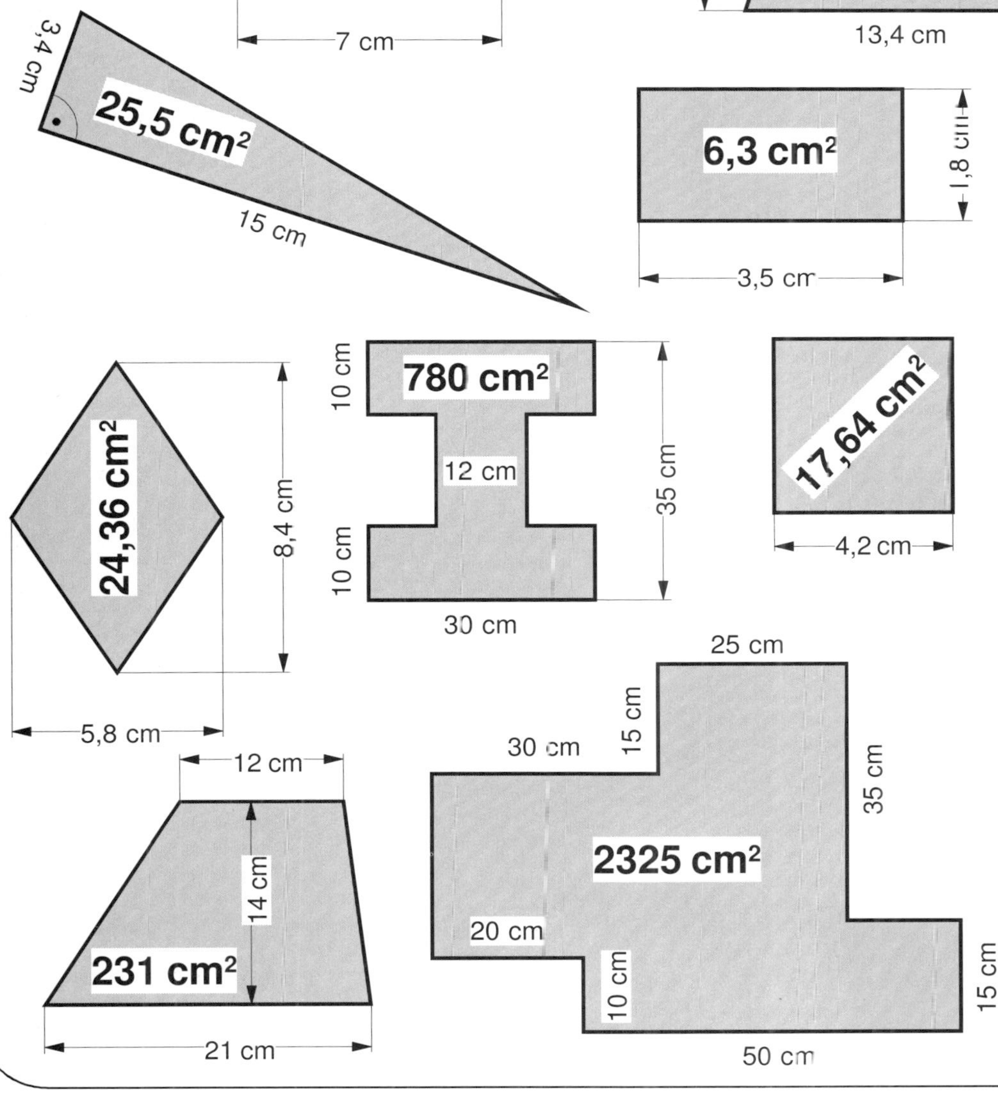

213 cm²	A	
560 cm²	H	H
75,2 cm²	T	
150,80 cm²	Q	
24,36 cm²	Y	Y
720 cm²	P	P
33,9 cm²	R	
64,2 cm²	Z	
780 cm²	E	E
68,5 cm²	O	
17,64 cm²	R	R
190,85 cm²	N	
87,12 cm²	S	
25,5 cm²	A	A
6,3 cm²	L	L
33,6 cm²	G	G
63,62 cm²	B	
105,2 cm²	D	
40 cm²	E	E
54,94 cm²	S	S
2325 cm²	I	I
231 cm²	E	E

Wir berechnen Volumina

Man berechnet das Volumen von Quadern und einfachen Körpern, indem man die Grundfläche des Körpers ermittelt und mit seiner Höhe multipliziert:

$$V = G \cdot h$$

Aufpassen musst du nur, wenn du bestimmst, was die Grundfläche und was die Höhe des Körpers ist.

Berechne das Volumen des Containers.

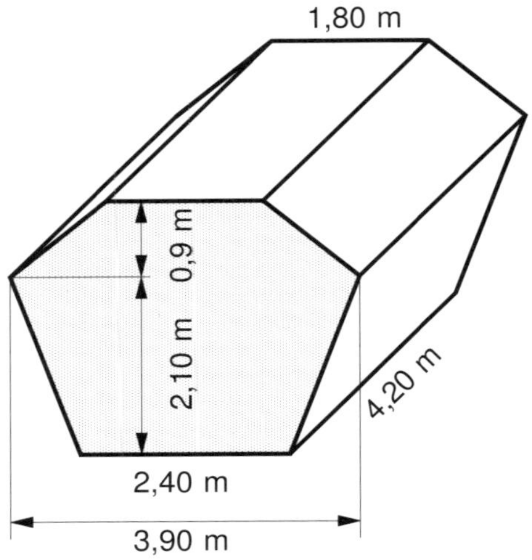

Berechne das Volumen des Quaders (Maße in cm).

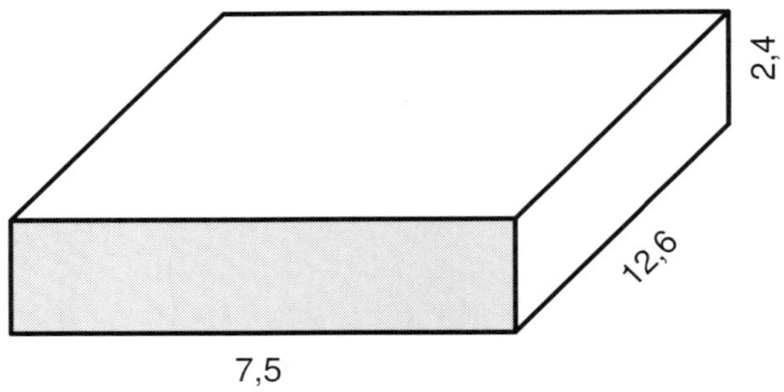

Berechne die fehlenden Größen eines Quaders.

a	5 cm	8 cm		4,5 dm
b	10 cm	3 cm	6,0 cm	
c	20 cm		9,5 cm	40 cm
O			238 cm²	53 dm²
V		144 cm³		

Berechne das Volumen der Dreieckssäule (Maße in cm).

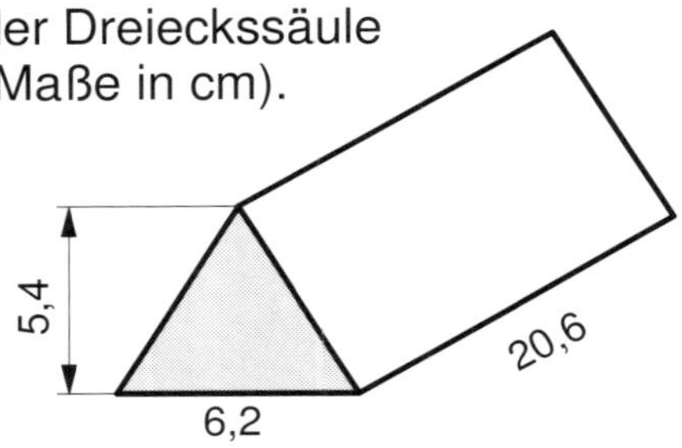

Berechne das Volumen des Würfels (Maße in cm).

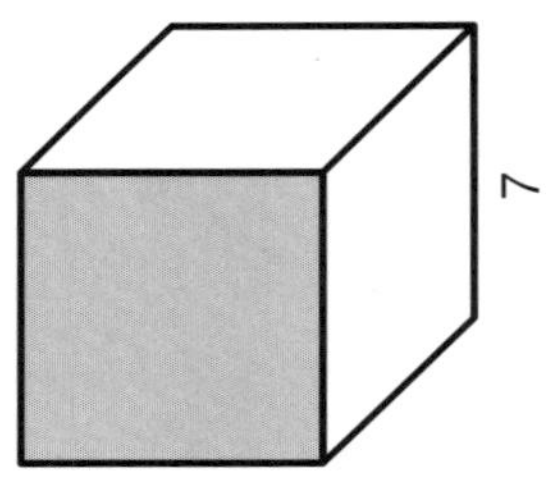

Berechne das Volumen (Maße in cm).

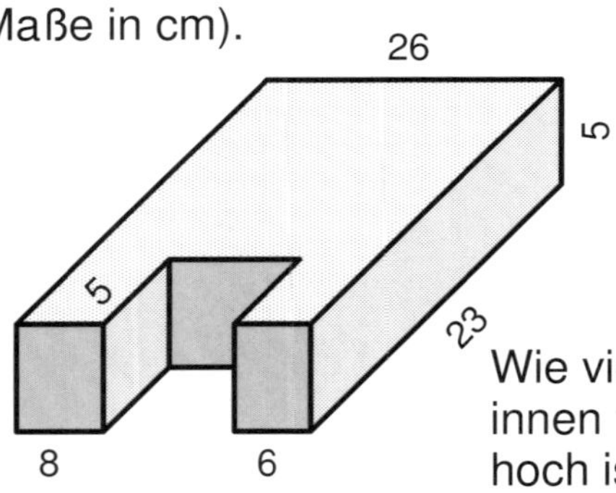

Berechne das Volumen der Trapezsäule (Maße in cm).

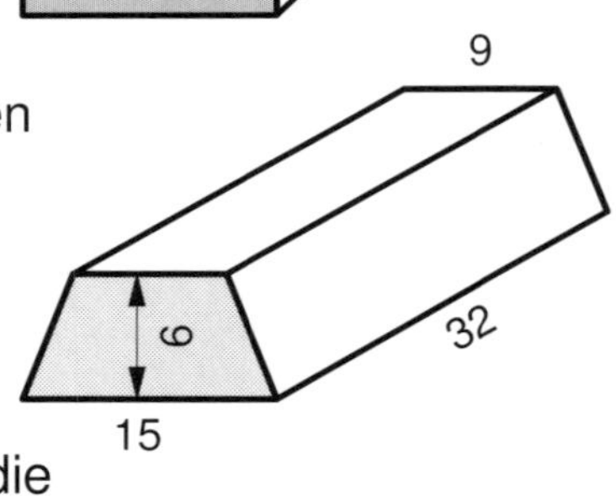

Wie viele Kartoffeln fasst eine Kiste, die innen 1 m lang, 0,60 m breit und 0,80 m hoch ist, wenn 750 kg Kartoffeln gerade 1 m³ füllen?

Berechne das Volumen (Maße in cm).

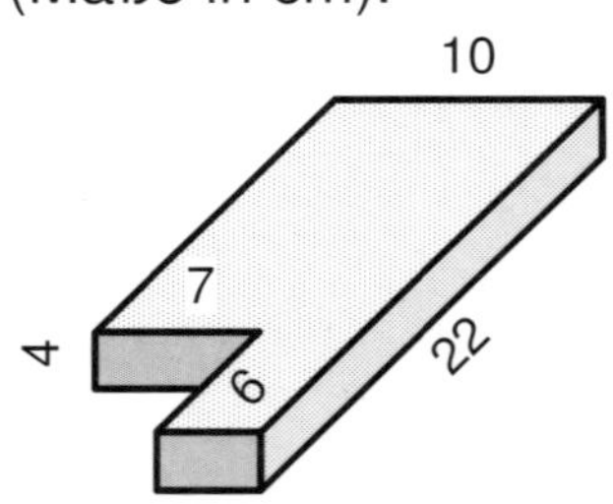

Ein rechteckiger Gartenweg von 32 m Länge und 1,25 m Breite soll 8 cm hoch mit Kies aufgeschüttet werden. Wie viel m³ Kies sind nötig?

Wir berechnen Volumina

Man berechnet das Volumen von Quadern und einfachen Körpern, indem man die Grundfläche des Körpers ermittelt und mit seiner Höhe multipliziert:

$$V = G \cdot h$$

Aufpassen musst du nur, wenn du bestimmst, was die Grundfläche und was die Höhe des Körpers ist.

Berechne das Volumen des Containers.

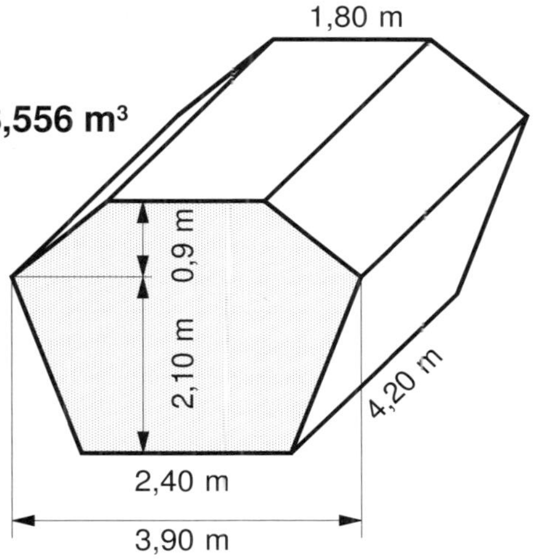

38,556 m³

Berechne das Volumen des Quaders (Maße in cm).

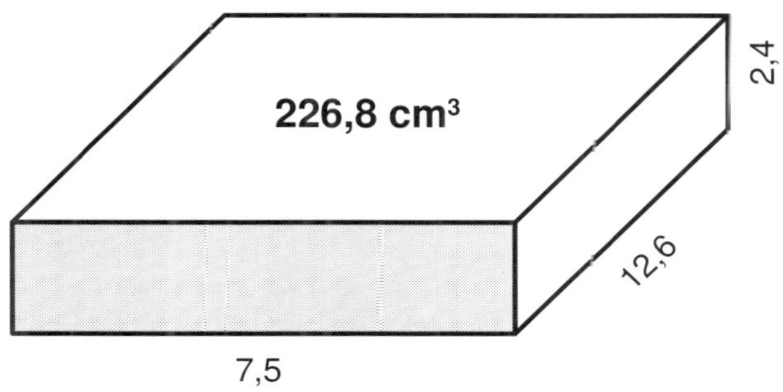

226,8 cm³

Berechne die fehlenden Größen eines Quaders.

a	5 cm	8 cm	**4,0 cm**	4,5 dm
b	10 cm	3 cm	6,0 cm	**1,0 dm**
c	20 cm	**6 cm**	9,5 cm	40 cm
O	**700 cm²**	**180 cm²**	238 cm²	53 dm²
V	**1000 cm³**	144 cm³	**228 cm³**	**18 dm³**

Berechne das Volumen der Dreieckssäule (Maße in cm).

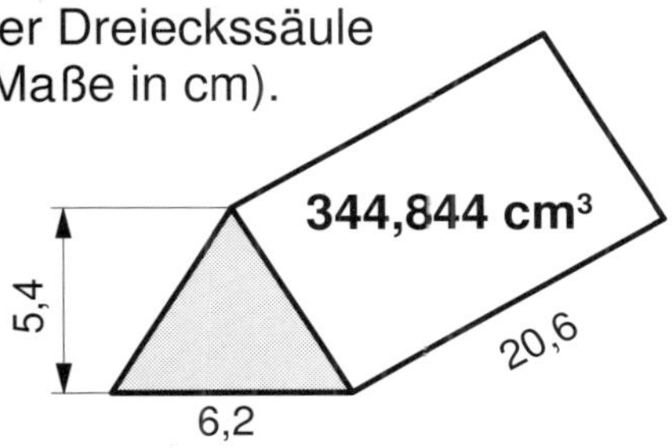

344,844 cm³

Berechne das Volumen des Würfels (Maße in cm).

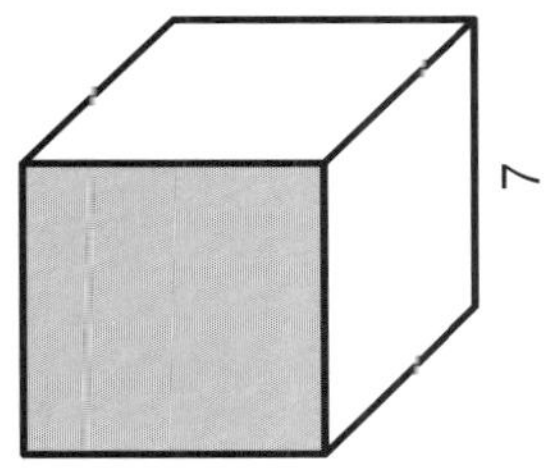

343 cm³

Berechne das Volumen (Maße in cm).

2690 cm³

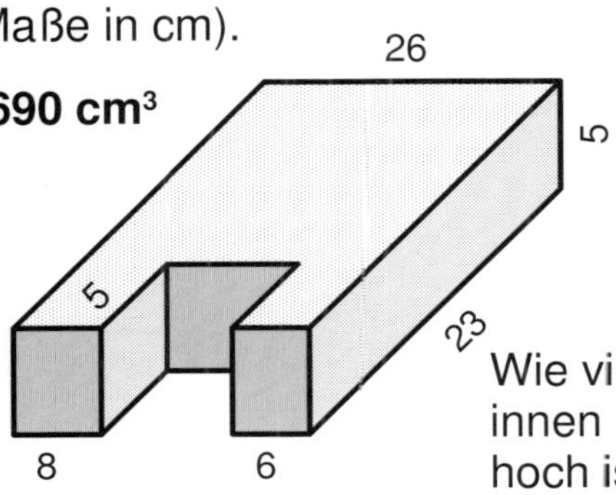

Berechne das Volumen der Trapezsäule (Maße in cm).

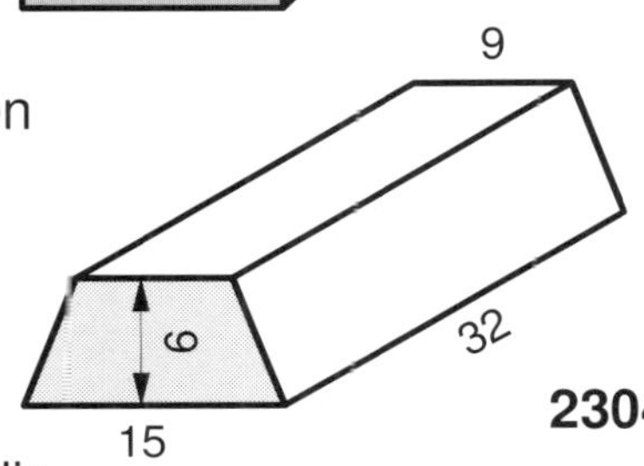

2304 cm³

Wie viele Kartoffeln fasst eine Kiste, die innen 1 m lang, 0,60 m breit und 0,80 m hoch ist, wenn 750 kg Kartoffeln gerade 1 m³ füllen?

360 kg

Berechne das Volumen (Maße in cm).

712 cm³

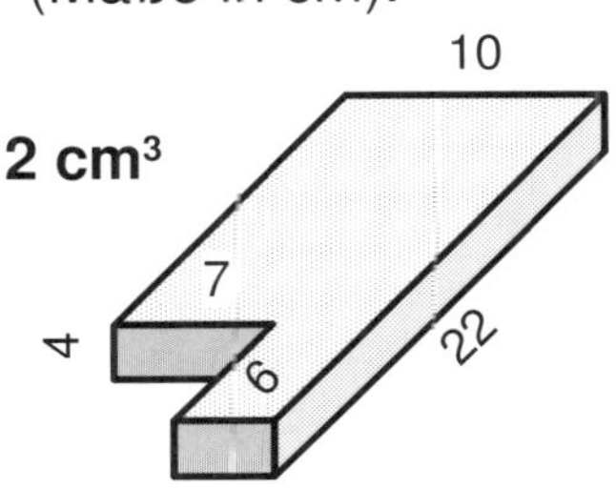

Ein rechteckiger Gartenweg von 32 m Länge und 1,25 m Breite soll 8 cm hoch mit Kies aufgeschüttet werden. Wie viel m³ Kies sind nötig?

3,2 m³

Wir machen Skizzen (1)

Zeichne die linke Figur nach, ohne dass du ein Lineal benutzt.
Beim 2. Versuch solltest du die Figur aus dem Gedächtnis zeichnen.

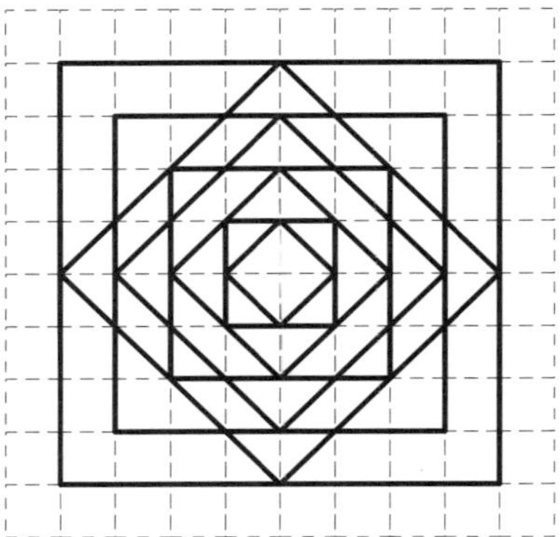

1. Versuch

2. Versuch

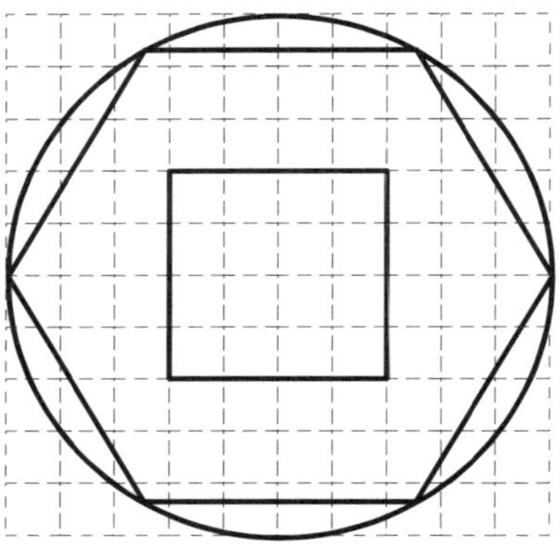

1. Versuch

2. Versuch

1. Versuch

2. Versuch

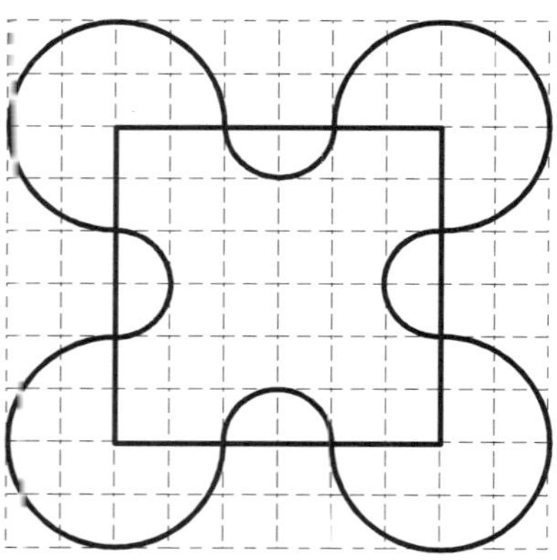

1. Versuch

2. Versuch

Wir machen Skizzen (2)

Zeichne die linke Figur nach, ohne dass du ein Lineal benutzt.
Beim 2. Versuch solltest du die Figur aus dem Gedächtnis zeichnen.

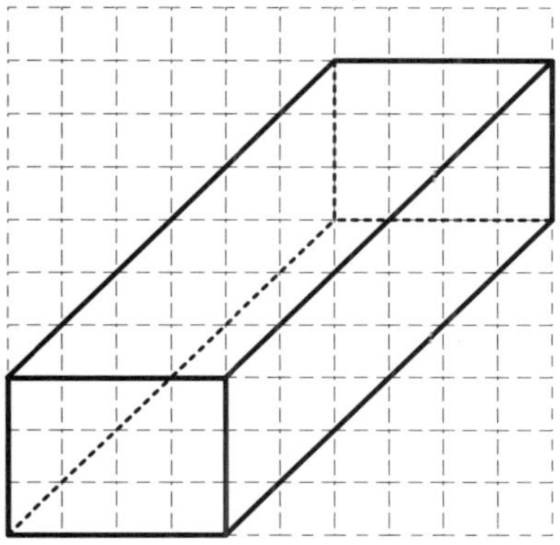

1. Versuch

2. Versuch

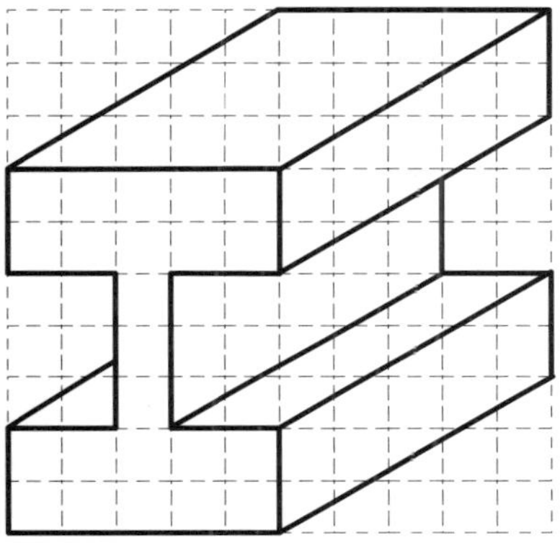

1. Versuch

2. Versuch

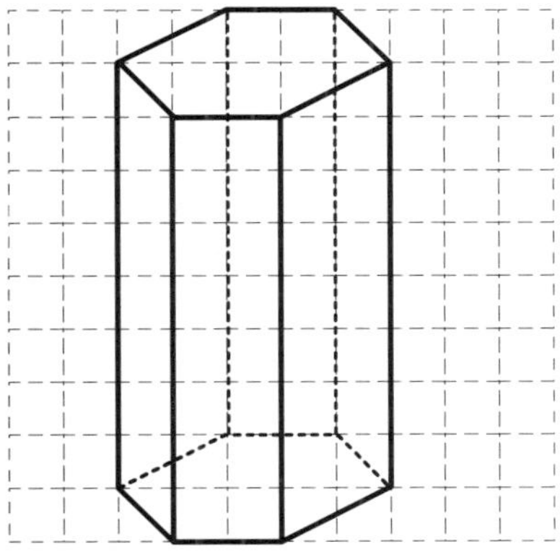

1. Versuch

2. Versuch

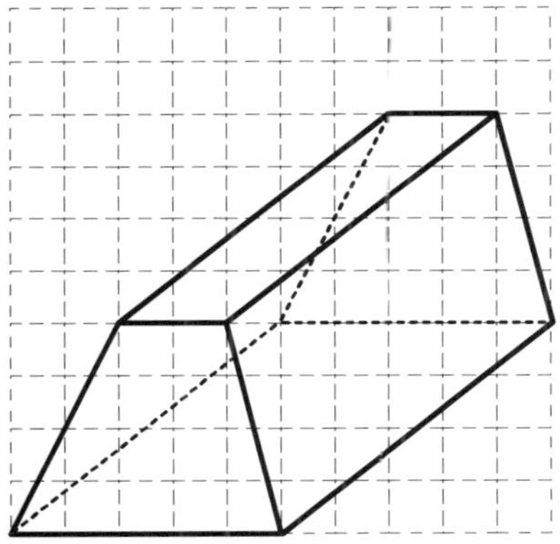

1. Versuch

2. Versuch

Wir machen Skizzen (3)

Zeichne die linke Figur nach, ohne dass du ein Lineal benutzt.
Beim 2. Versuch solltest du die Figur aus dem Gedächtnis zeichnen.

1. Versuch 2. Versuch

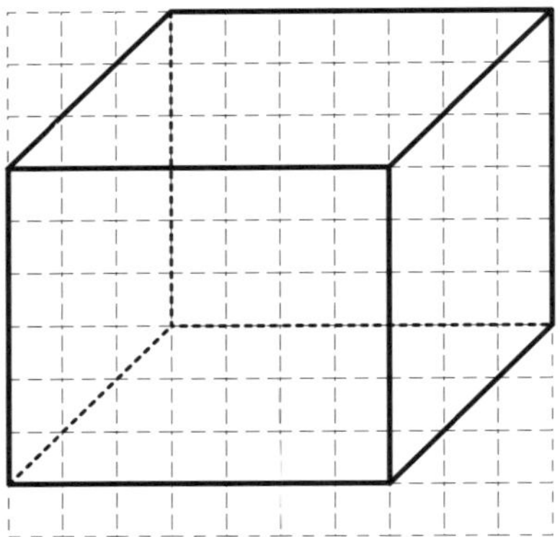

1. Versuch 2. Versuch

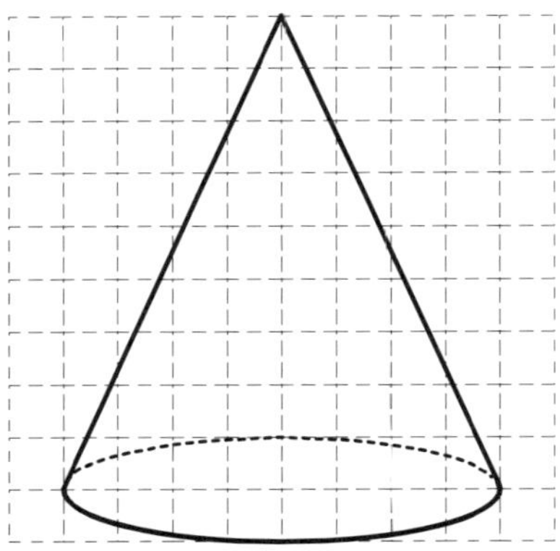

1. Versuch 2. Versuch

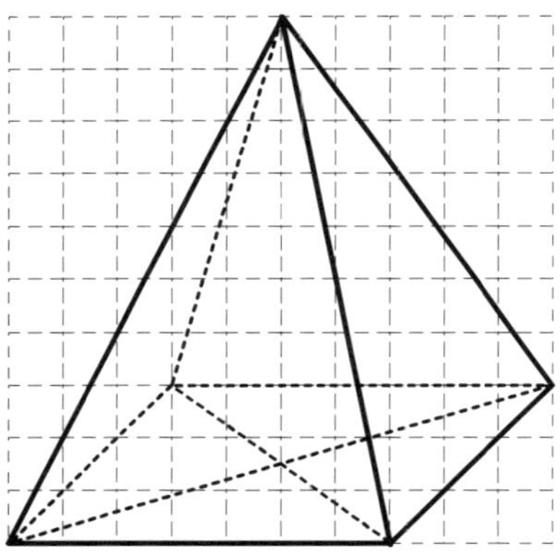

1. Versuch 2. Versuch

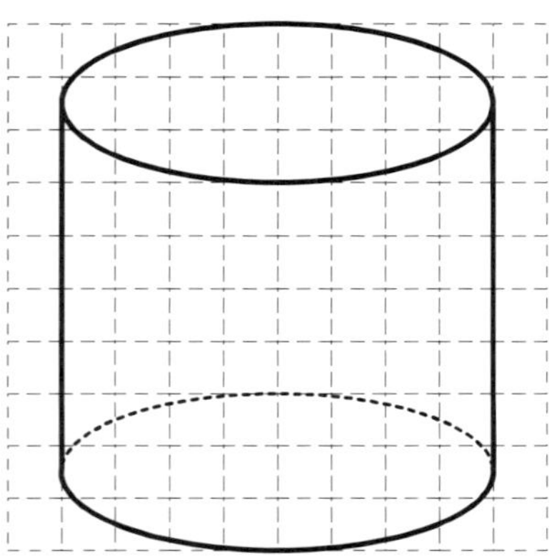

Wir machen Skizzen (4)

Zeichne die linke Figur nach, ohne dass du ein Lineal benutzt.
Beim 2. Versuch solltest du die Figur aus dem Gedächtnis zeichnen.

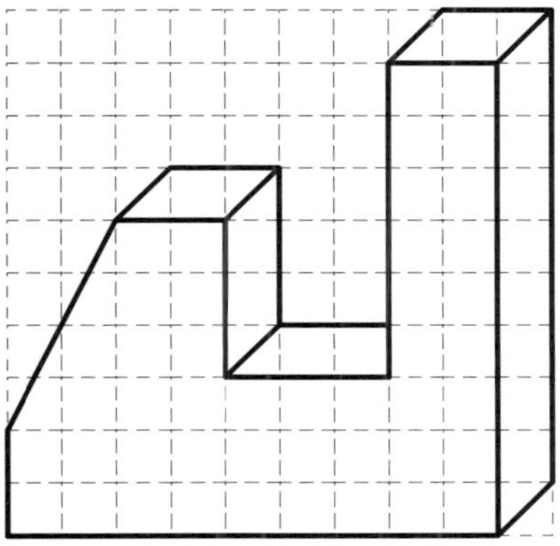

1. Versuch

2. Versuch

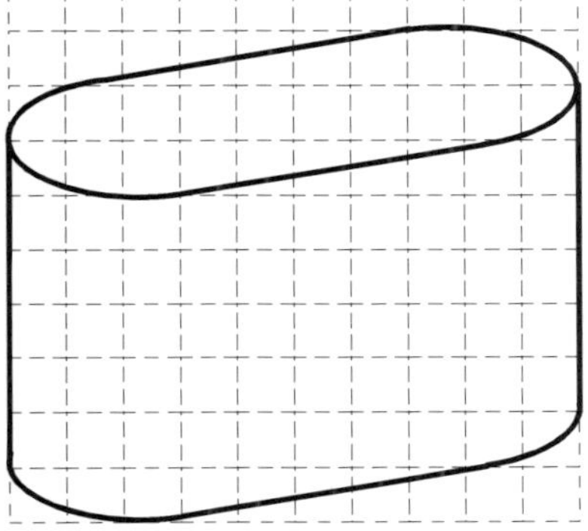

1. Versuch

2. Versuch

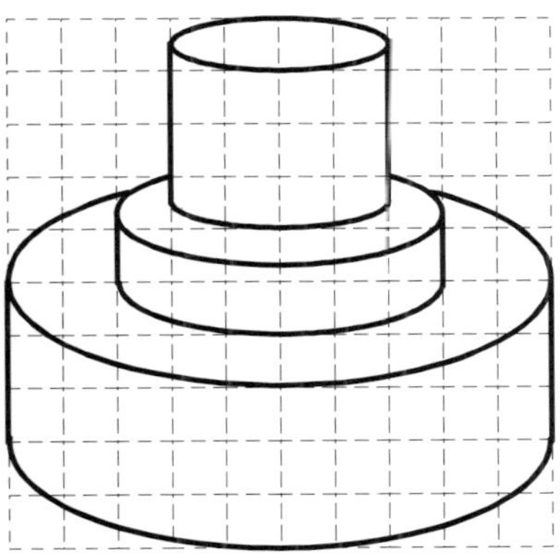

1. Versuch

2. Versuch

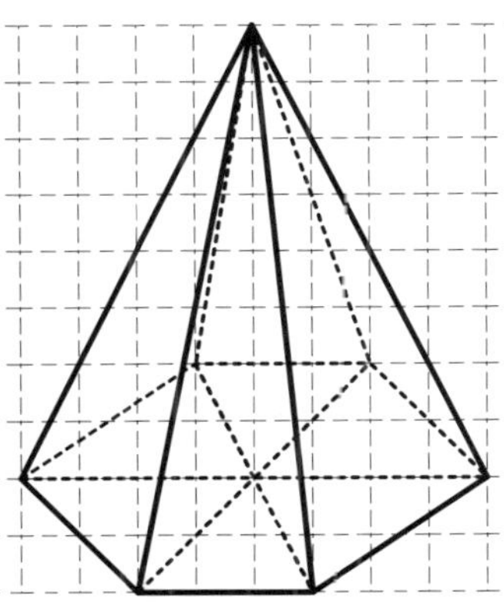

1. Versuch

2. Versuch

Wir zählen Flächen

Aus wie vielen Flächen setzen sich die Körper zusammen?

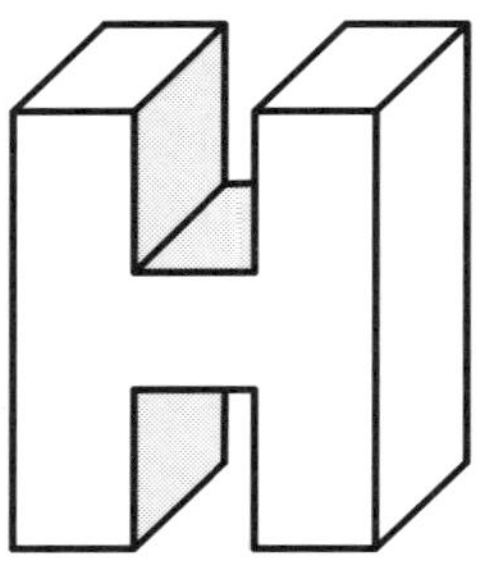	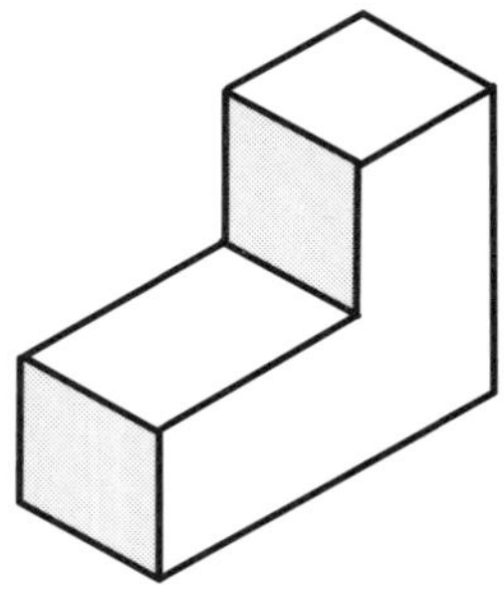	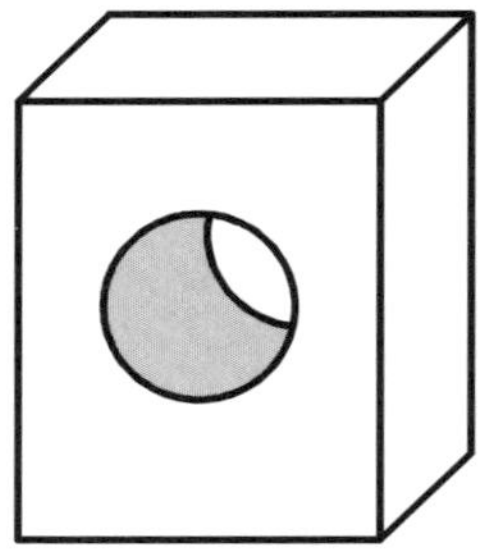	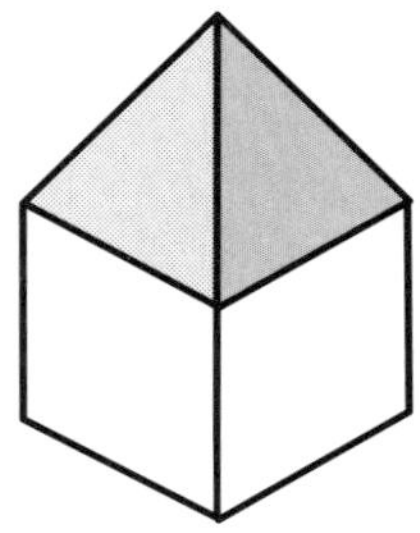
_______ Flächen	_______ Flächen	_______ Flächen	_______ Flächen
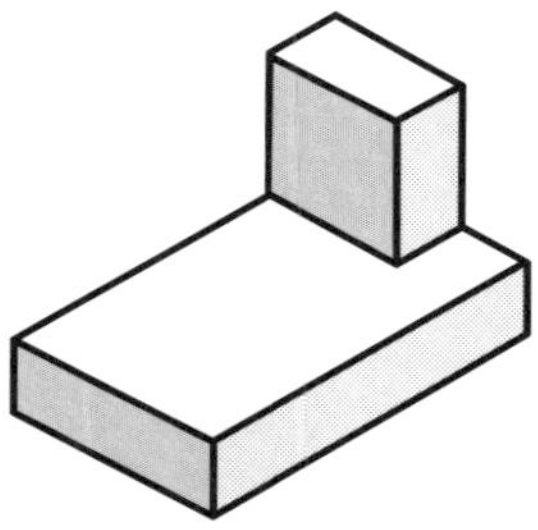	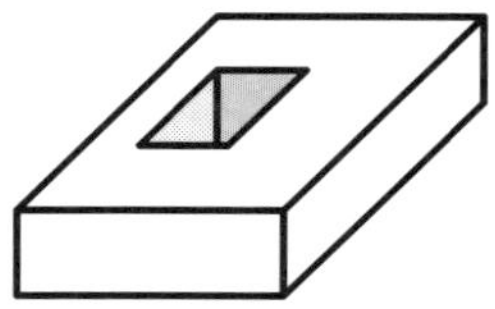	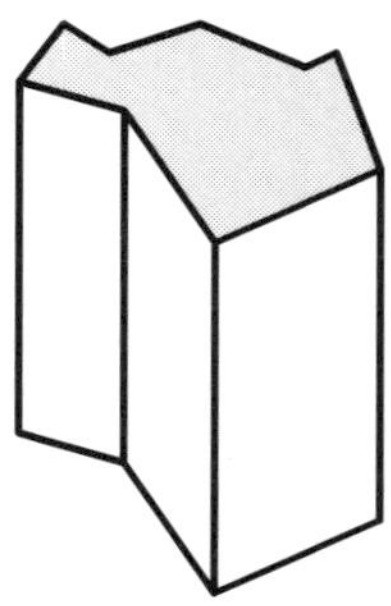	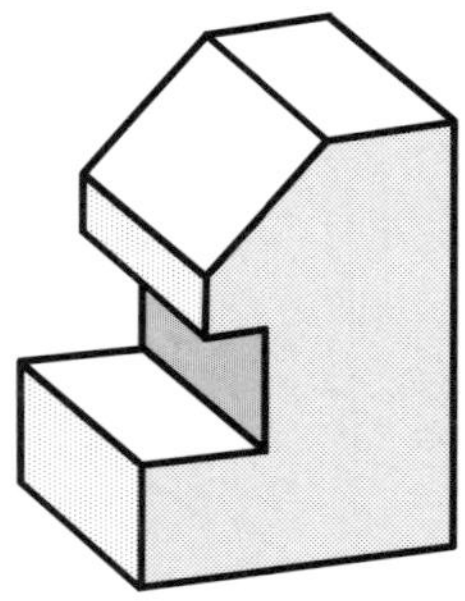
_______ Flächen	_______ Flächen	_______ Flächen	_______ Flächen
	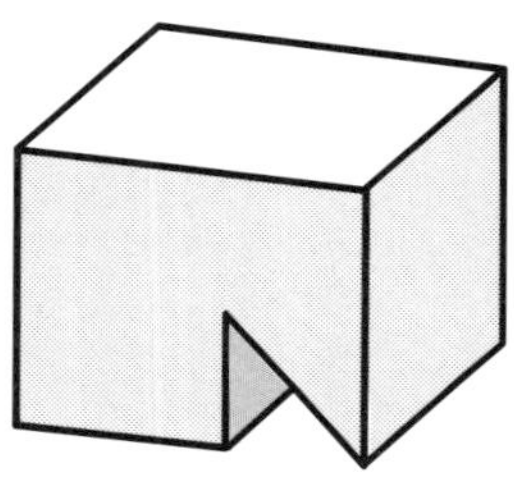	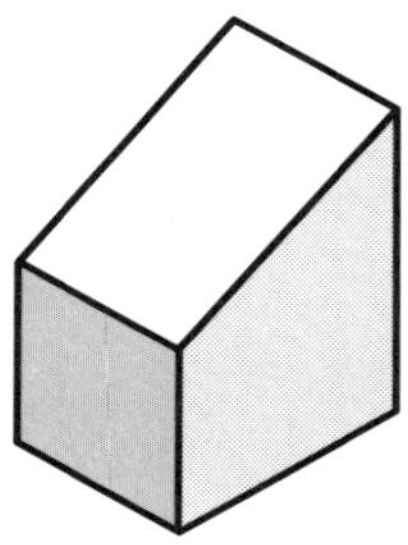	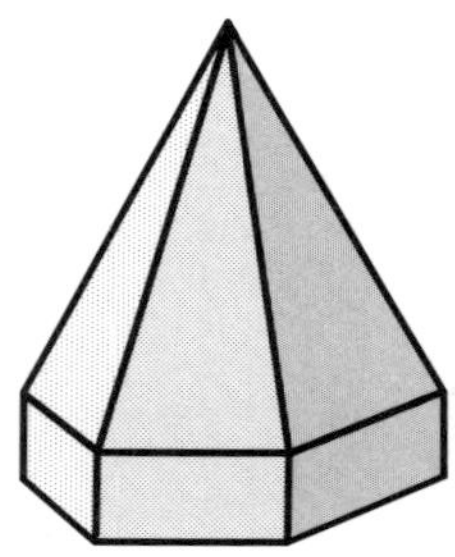
_______ Flächen	_______ Flächen	_______ Flächen	_______ Flächen
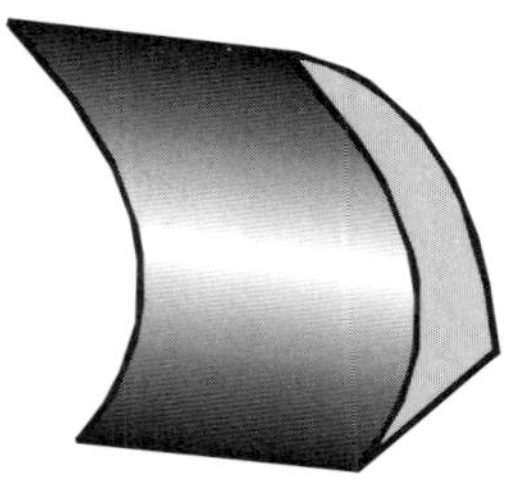	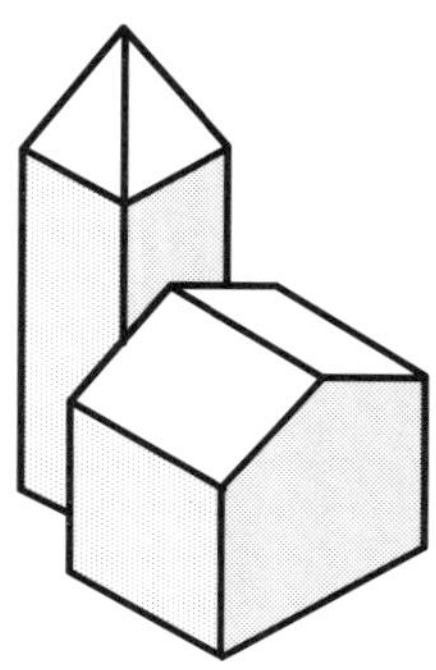	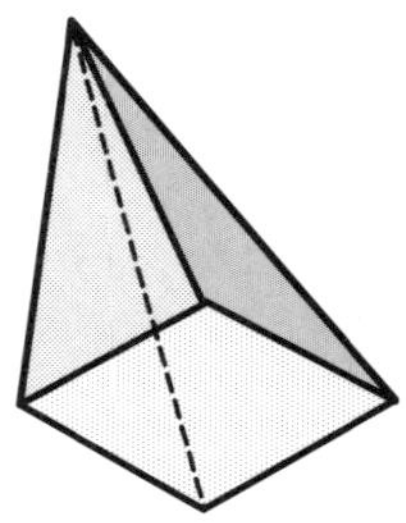	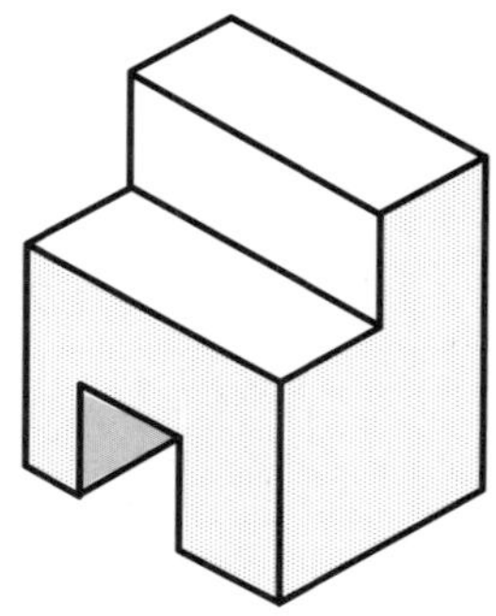
_______ Flächen	_______ Flächen	_______ Flächen	_______ Flächen

Wir zählen Flächen

Aus wie vielen Flächen setzen sich die Körper zusammen?

 14 Flächen	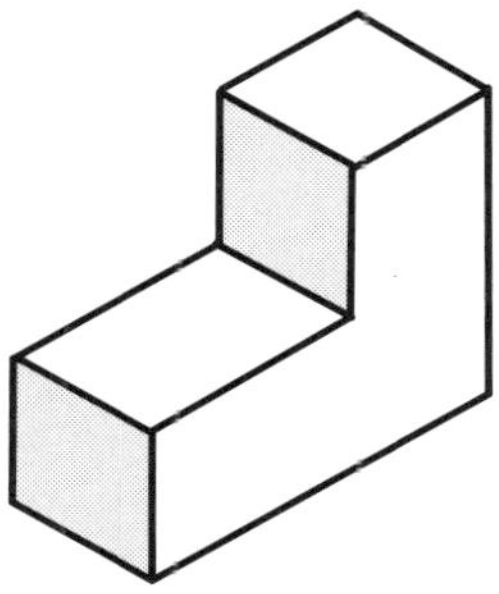 8 Flächen	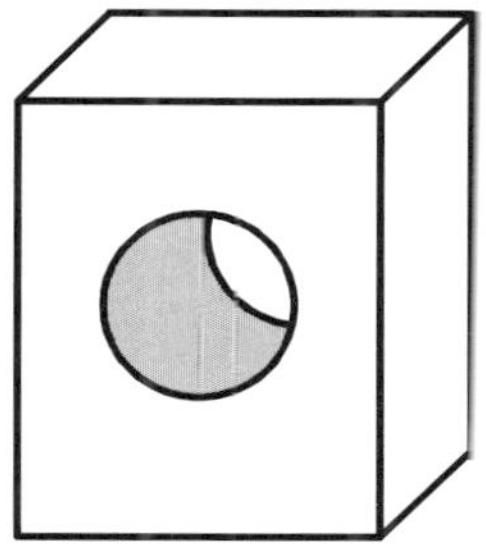 7 Flächen	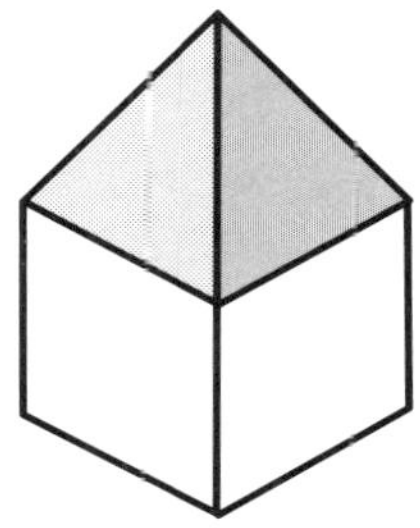 9 Flächen
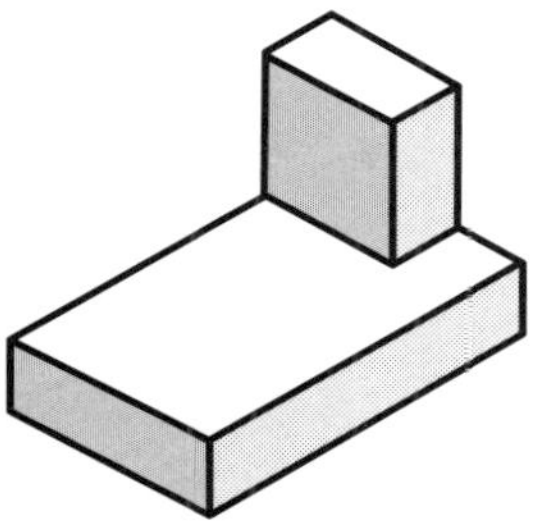 9 Flächen	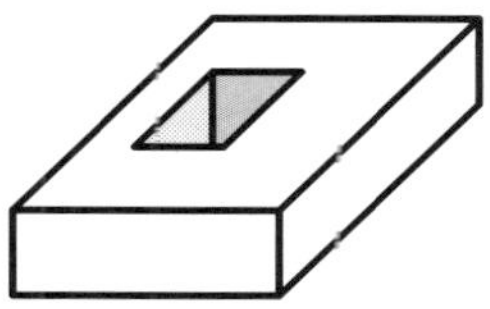 10 Flächen	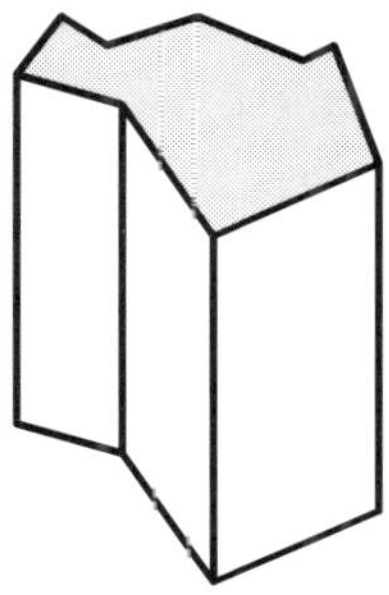 11 Flächen	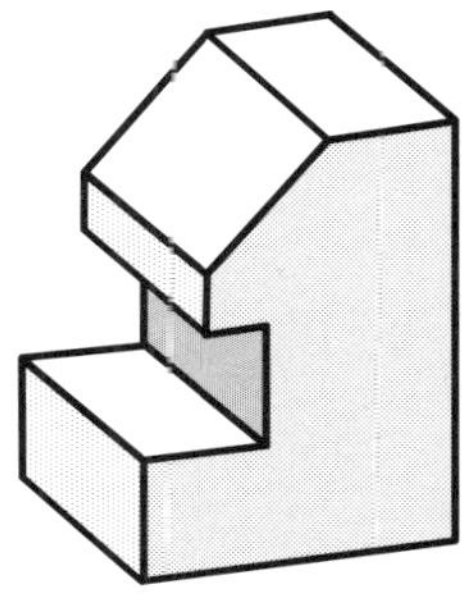 11 Flächen
 3 Flächen	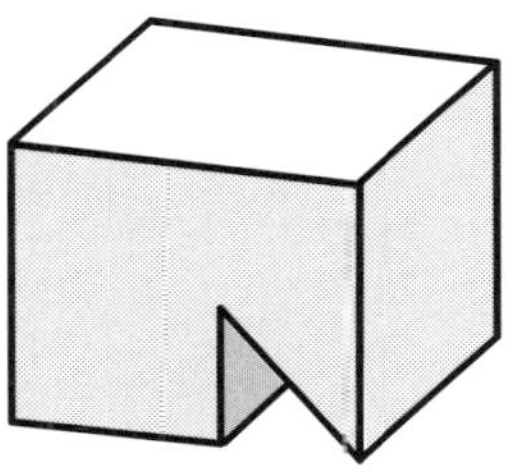 8 Flächen	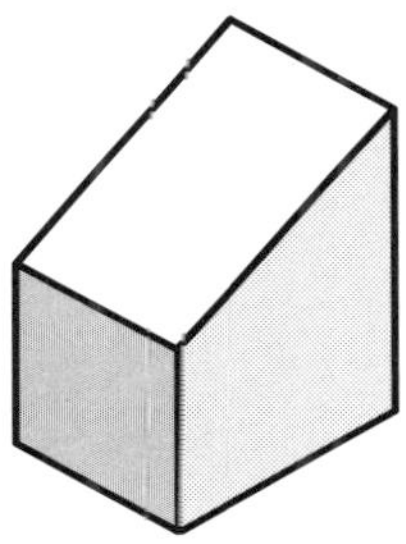 6 Flächen	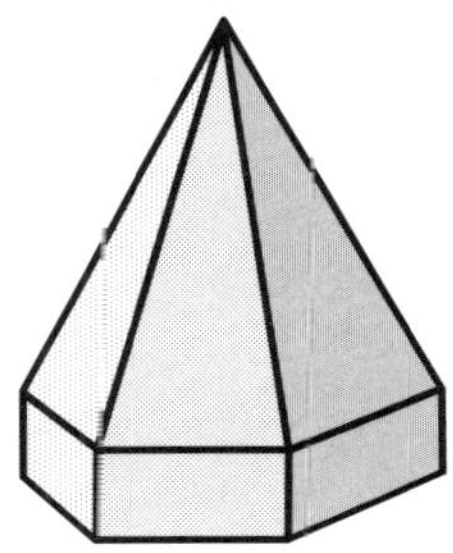 13 Flächen
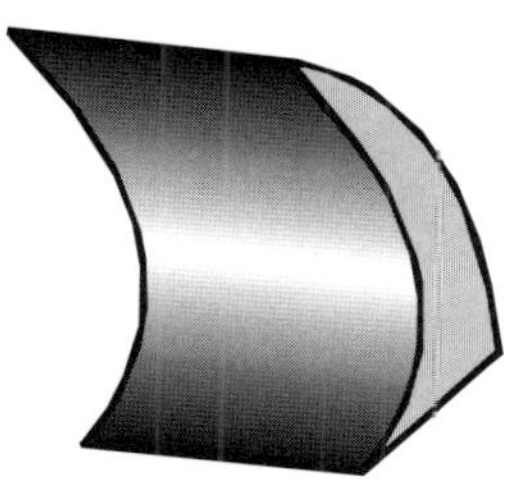 5 Flächen	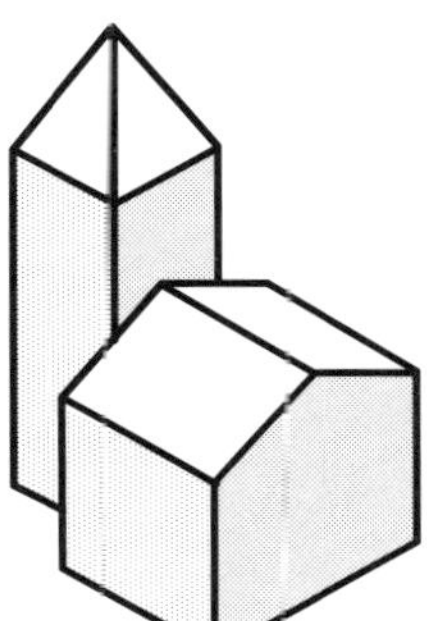 14 - 17 Flächen	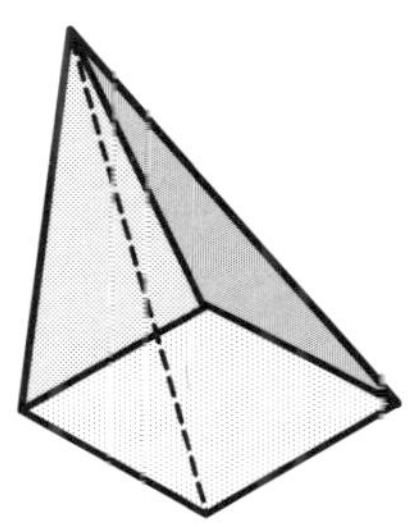 5 Flächen	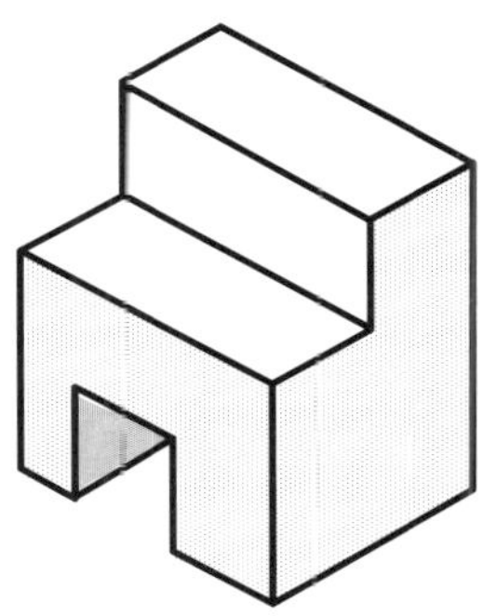 12 Flächen

Wir wissen, welche Formel passt

Welche Formel gehört wozu? Schaffst du es auch noch, die entsprechenden Buchstaben in die Figur einzutragen?

$O = 2(ab + ac + bc)$

$A = \frac{e \cdot f}{2}$

$u = 2a + 2b$

$A = \frac{e \cdot f}{2}$

$A = \frac{a + c}{2} \cdot h$

$A = a \cdot h_a$

$m = \frac{a + c}{2}$

$A = \frac{g \cdot h}{2}$

$A = \frac{a \cdot b}{2}$

$A = a^2$

$V = a^3$

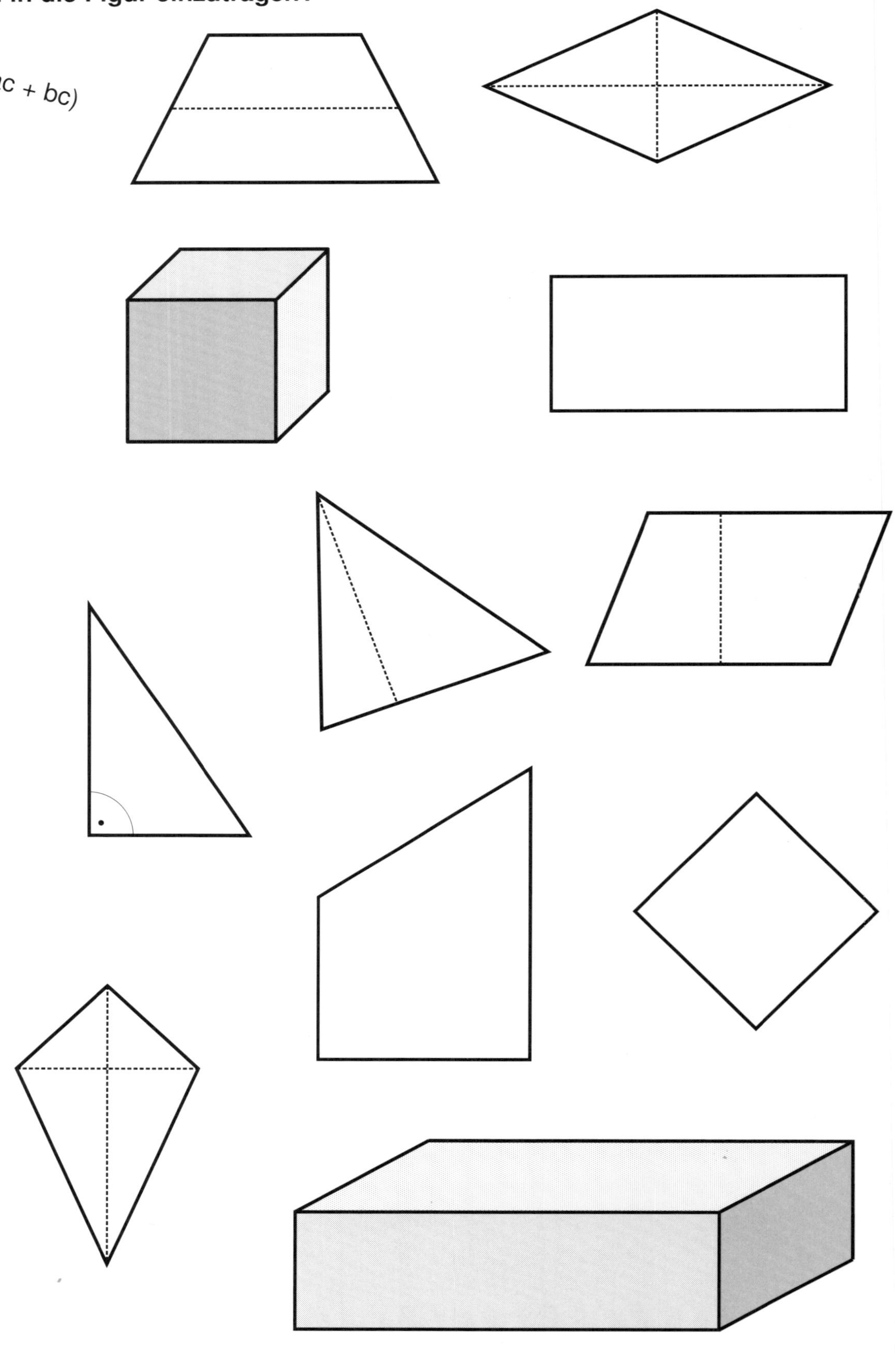

Wir wissen, welche Formel passt

Welche Formel gehört wozu? Schaffst du es auch noch, die entsprechenden Buchstaben in die Figur einzutragen?

$O = 2(ab + ac + bc)$

$A = \frac{e \cdot f}{2}$

$u = 2a + 2b$

$A = \frac{e \cdot f}{2}$

$A = \frac{a + c}{2} \cdot h$

$A = a \cdot h_a$

$m = \frac{a + c}{2}$

$A = \frac{g \cdot h}{2}$

$A = \frac{a \cdot b}{2}$

$A = a^2$

$V = a^3$

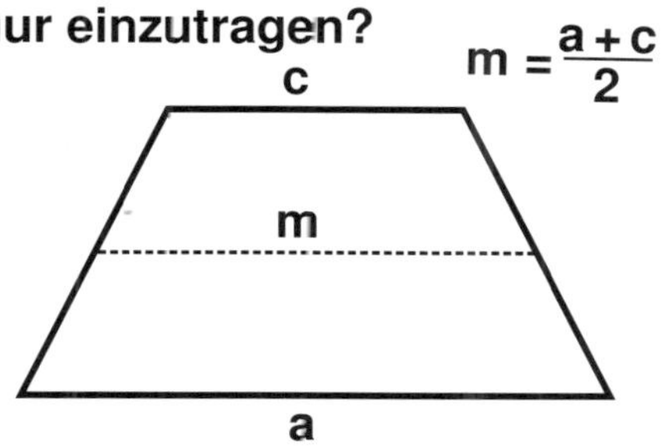

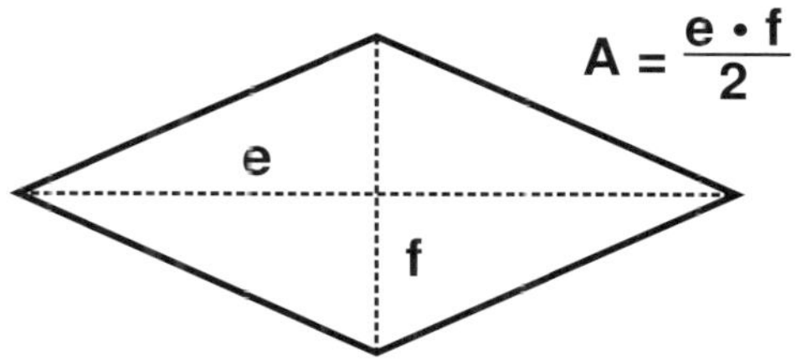

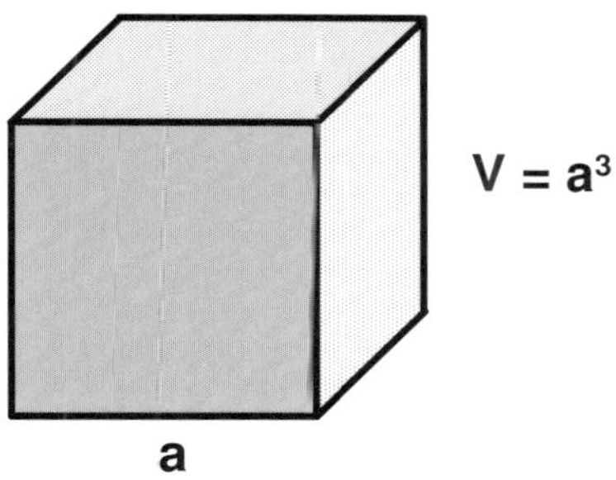

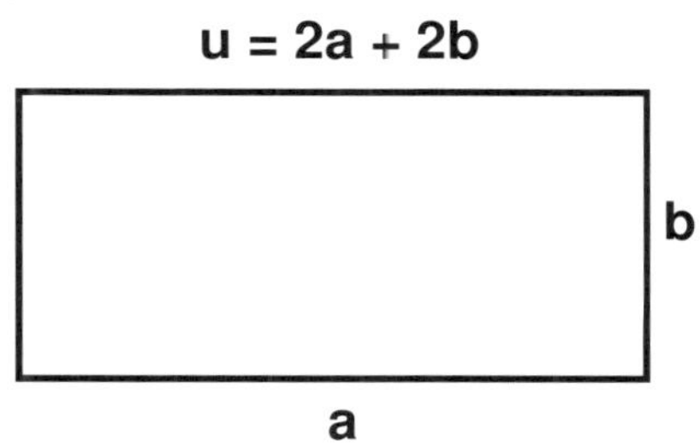

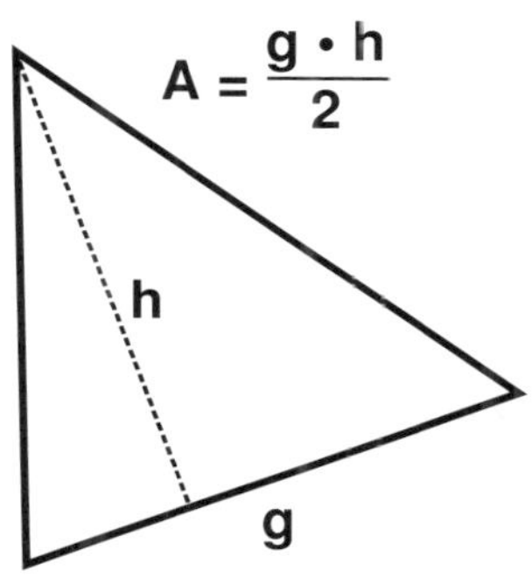

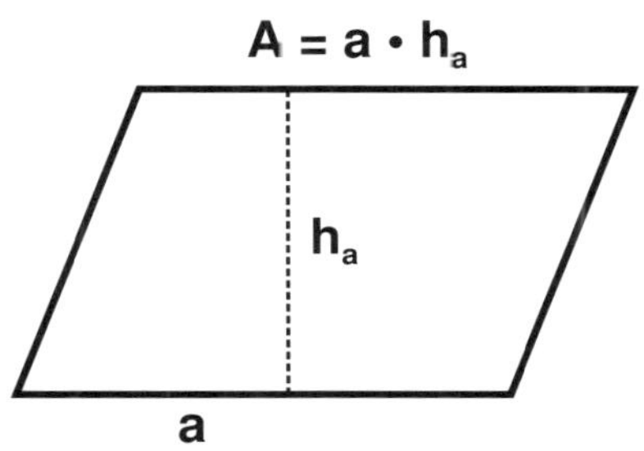

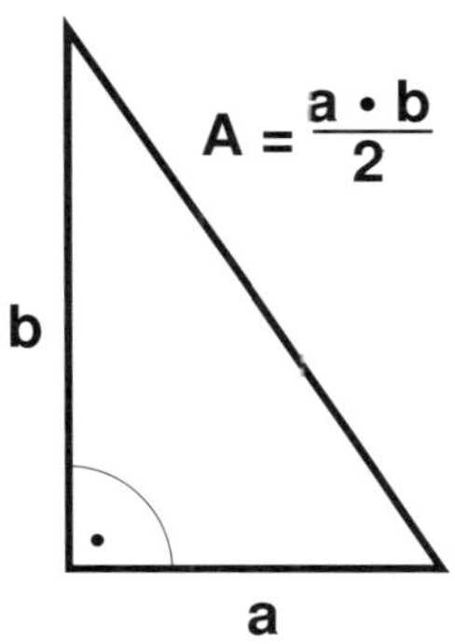

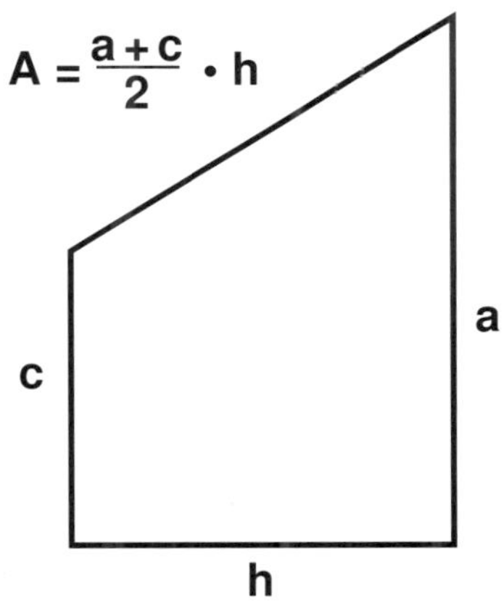

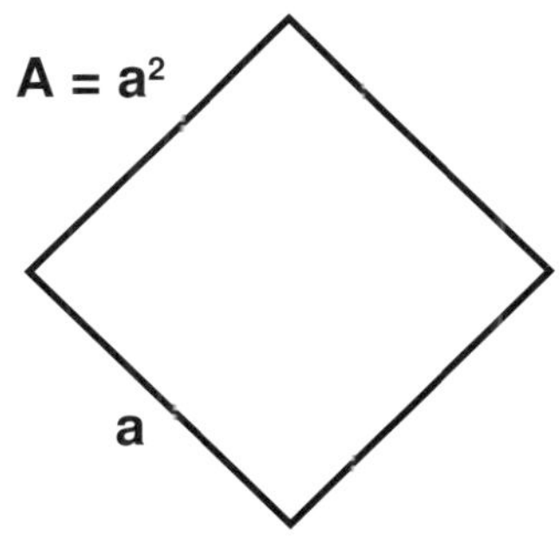

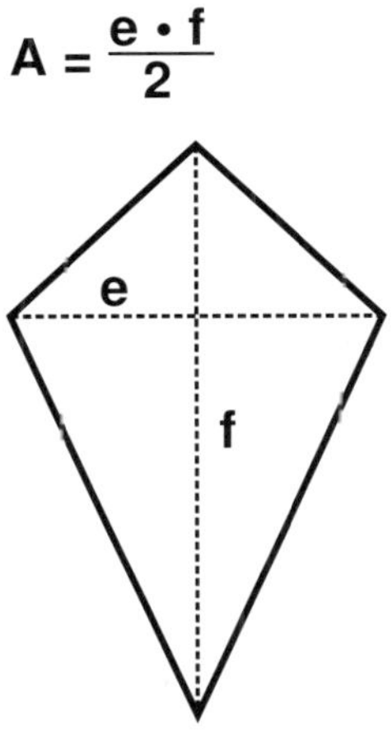

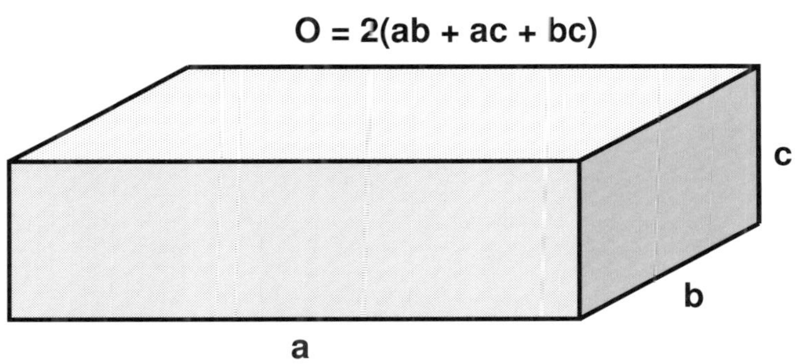

Wir bringen die richtige Bezeichnung an

Oftmals ist es hilfreich, sich bei Aufgaben eine Skizze zu machen. Das ist allerdings nicht immer so einfach, weil man unsicher ist, wie so etwas auszusehen hat.

Daher eine Aufgabe für dich. Vervollständige die Skizzen mit entsprechenden Buchstaben und den dazugehörigen Linien.

- ☐ Von einem Leuchtturm sieht man den Mast eines Schiffes unter dem Tiefenwinkel $\alpha = 18°$.
- ☐ Die parallelen Kanten eines regelmäßigen Sechsecks haben einen Abstand von s = 5 cm.
- ☐ Die Diagonale e eines Quadrates ist 4 cm lang.
- ☐ Beide Schenkel a eines Dreiecks sind 4 cm lang.
- ☐ In einem Parallelogramm ist h_a = 3,5 cm.
- ☐ Die Raumdiagonale e eines Würfels ist 8 cm lang.
- ☐ Die Höhe h_c in einem Dreieck beträgt 4 cm.
- ☐ Die längere Kathete b beträgt 7 cm.
- ☐ Der Böschungswinkel eines Dammes beträgt $\alpha = 75°$.
- ☐ Die lichte Weite d eines Rohres beträgt 5 cm, die Wandstärke s beträgt 5 mm.
- ☐ Der Radius r eines Kreise beträgt 5 cm.

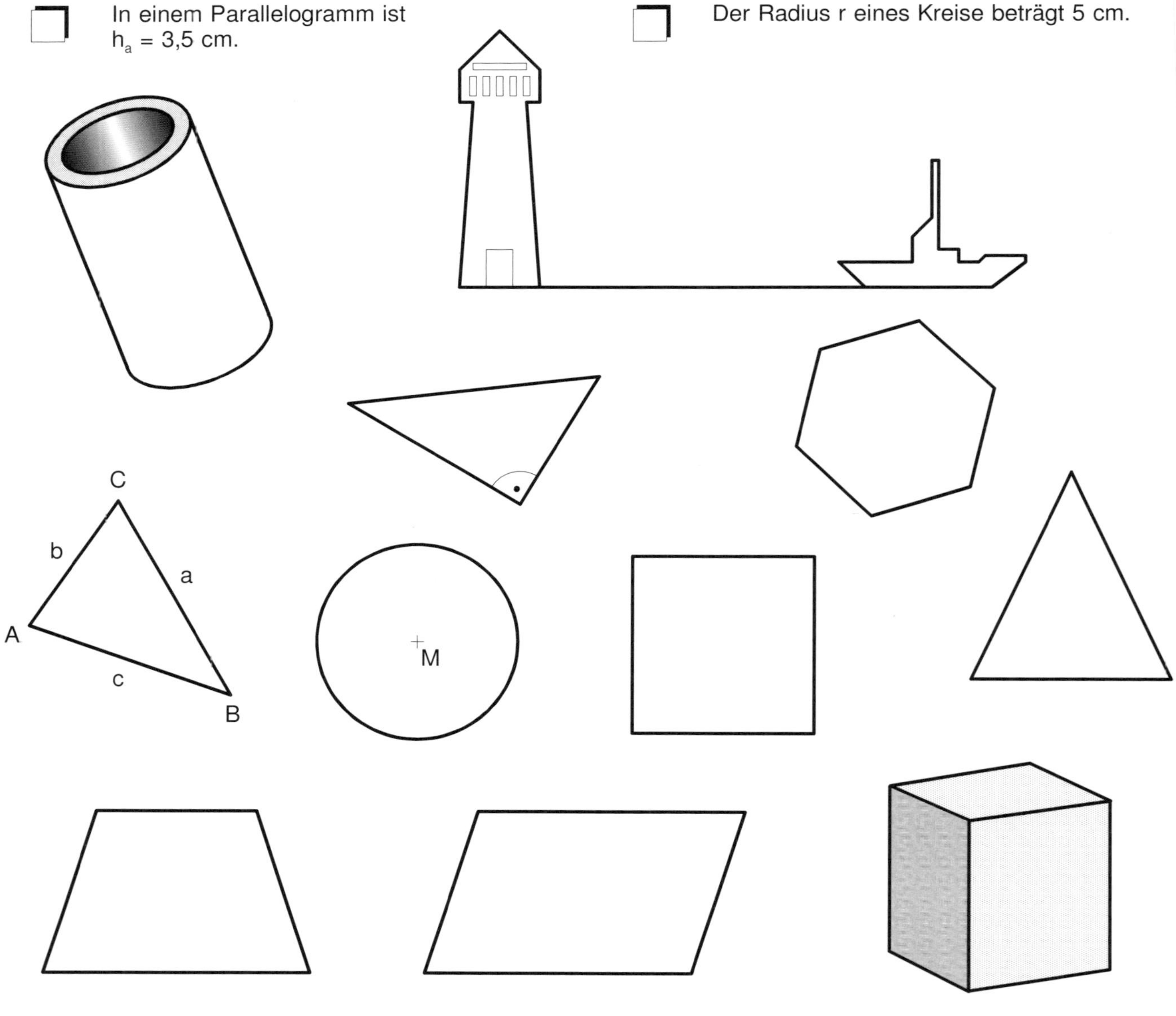

Prof. Brian Teaser

Mathematik zum Auffrischen

Wir bringen die richtige Bezeichnung an

Oftmals ist es hilfreich, sich bei Aufgaben eine Skizze zu machen. Das ist allerdings nicht immer so einfach, weil man unsicher ist, wie so etwas auszusehen hat.
Daher eine Aufgabe für dich. Vervollständige die Skizzen mit entsprechenden Buchstaben und den dazugehörigen Linien.

- ☐ Von einem Leuchtturm sieht man den Mast eines Schiffes unter dem Tiefenwinkel $\alpha = 18°$.
- ☐ Die parallelen Kanten eines regelmäßigen Sechsecks haben einen Abstand von s = 5 cm.
- ☐ Die Diagonale e eines Quadrates ist 4 cm lang.
- ☐ Beide Schenkel a eines Dreiecks sind 4 cm lang.
- ☐ In einem Parallelogramm ist h_a = 3,5 cm.
- ☐ Die Raumdiagonale e eines Würfels ist 8 cm lang.
- ☐ Die Höhe h_c in einem Dreieck beträgt 4 cm.
- ☐ Die längere Kathete b beträgt 7 cm.
- ☐ Der Böschungswinkel eines Dammes beträgt $\alpha = 75°$.
- ☐ Die lichte Weite d eines Rohres beträgt 5 cm, die Wandstärke s beträgt 5 mm.
- ☐ Der Radius r eines Kreise beträgt 5 cm.

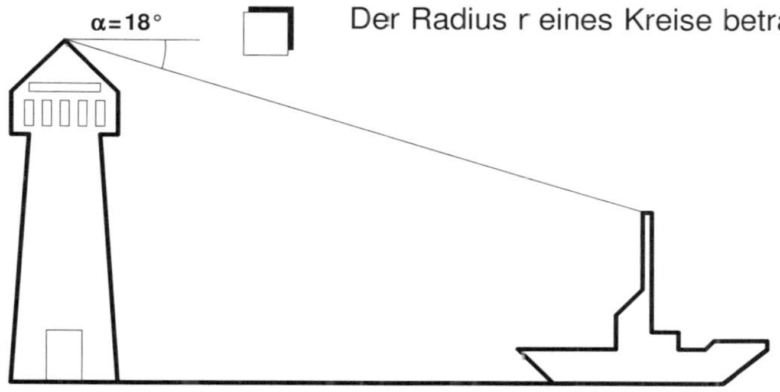

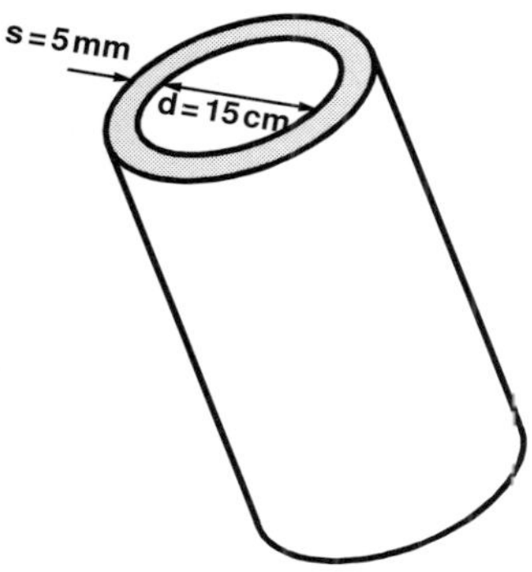

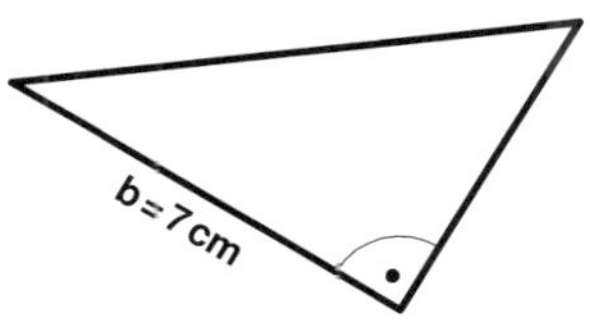

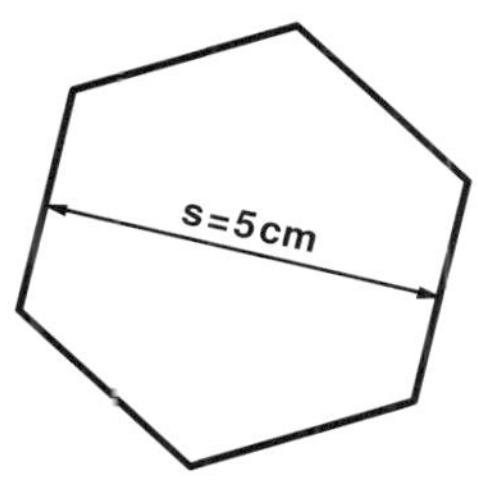

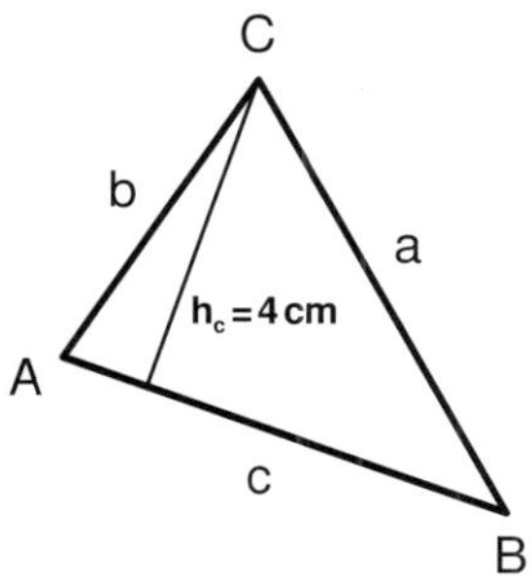

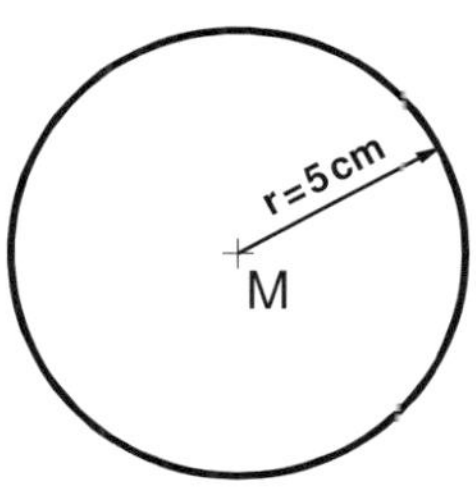

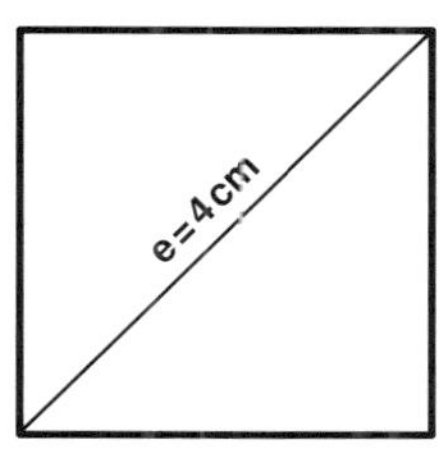

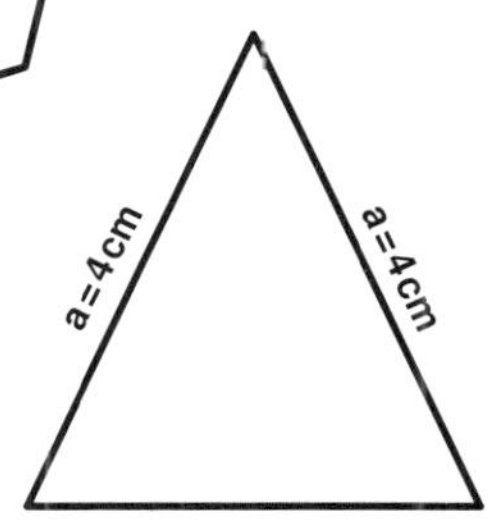

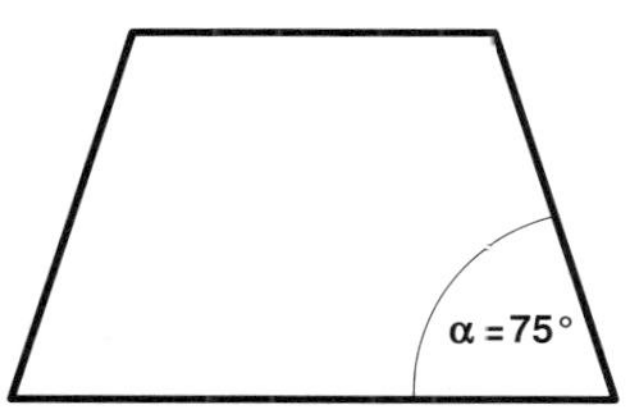

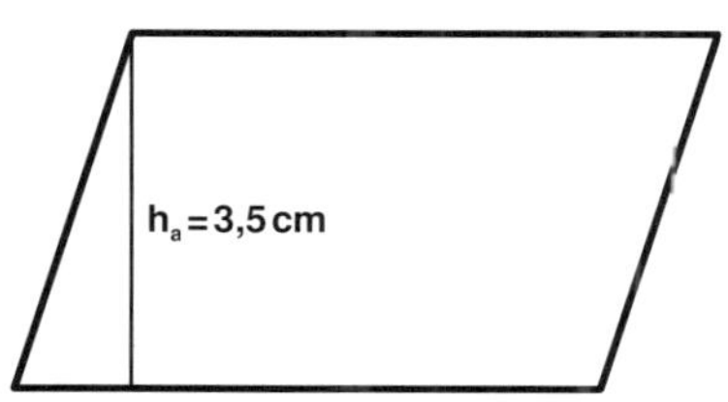

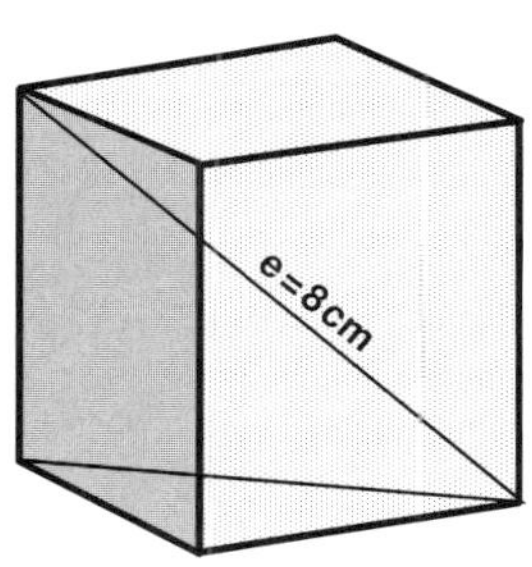

Wir üben die mathematische Stenografie

In der Mathematik kann man umständliche Formulierungen viel, viel einfacher ausdrücken. Den Satz »Die Differenz aus dem Achtfachen einer Zahl und 7 ist 16« kann man in mathematischer Schreibweise kurz und knapp so »8x – 7 = 16« formulieren.

Schreibe kürzer.

a) Das Siebenfache einer Zahl vermindert um 54 ist genauso groß wie das Fünffache dieser Zahl.

b) Das Vierfache einer Zahl vermindert um 8 ist so groß wie das Doppelte der Zahl vermehrt um 5.

c) Die Hälfte der Summe der parallelen Seitenlängen a und c eines Trapezes entspricht der Länge der Mittellinie m dieses Trapezes.

d) Die Addition dreier aufeinander folgender Zahl ergibt 147.

e) In jedem Dreieck beträgt die Summe der drei Winkel α, β und γ 180°.

f) Der Flächeninhalt A eines Dreiecks ist gleich dem halben Produkt einer Seitenlänge g und der Länge der zugehörigen Höhe h.

g) Multipliziert man die um 2 verminderte Anzahl der Innenwinkel eines n-Ecks mit 180°, so erhält man die Summe W der Größen der Innenwinkel.

h) Das Volumen V eines Quaders ist gleich dem Produkt der drei Seitenlängen a, b und c.

i) Der Flächeninhalt A eines Quadrates berechnet sich aus dem Quadrat der Seitenlänge a.

j) Der Nenner eines Bruches ist um 2 größer als der Zähler. Vermehrt man den Zähler um 7 und den Nenner um 8, so erhält man die Bruchzahl $\frac{3}{5}$.

k) Die Dichte ρ eines Körpers ist der Quotient aus der Masse m und dem Volumen V.

l) Man wandelt C° (Grad Celsius) in F° (Grad Fahrenheit) um, indem man C° mit 1,8 multipliziert und 32° addiert.

m) Vergrößert man in dem Produkt 18 • 27 jeden Faktor um dieselbe Zahl x und addiert zusätzlich 9, so erhält man das Quadrat von x.

n) Die Oberfläche O eines geraden Prismas ist die Summe aus der Grundfläche G, der Deckfläche D und der Mantelfläche M.

o) Der Flächeninhalt A einer Raute berechnet sich aus dem halben Produkt der beiden Diagonalen e und f.

p) Die Differenz der Quadrate zweier aufeinander folgender Zahlen beträgt 613.

Wir üben die mathematische Stenografie

> In der Mathematik kann man umständliche Formulierungen viel, viel einfacher ausdrücken. Den Satz »Die Differenz aus dem Achtfachen einer Zahl und 7 ist 16« kann man in mathematischer Schreibweise kurz und knapp so »8x – 7 = 16« ausdrücken.

Schreibe kürzer.

a) Das Siebenfache einer Zahl vermindert um 54 ist genauso groß wie das Fünffache dieser Zahl.

$7x - 54 = 5x$

b) Das Vierfache einer Zahl vermindert um 8 ist so groß wie das Doppelte der Zahl vermehrt um 5.

$4x - 8 = 2x + 5$

c) Die Hälfte der Summe der parallelen Seitenlängen a und c eines Trapezes entspricht der Länge der Mittellinie m dieses Trapezes.

$m = \frac{a + c}{2}$

d) Die Addition dreier aufeinander folgender Zahl ergibt 147.

$x + x + 1 + x + 2 = 147$

e) In jedem Dreieck beträgt die Summe der drei Winkel α, β und γ 180°.

$\alpha + \beta + \gamma = 180°$

f) Der Flächeninhalt A eines Dreiecks ist gleich dem halben Produkt einer Seitenlänge g und der Länge der zugehörigen Höhe h.

$A = \frac{g \cdot h}{2}$

g) Multipliziert man die um 2 verminderte Anzahl der Innenwinkel eines n-Ecks mit 180°, so erhält man die Summe W der Größen der Innenwinkel.

$W = (n - 2) \cdot 180°$

h) Das Volumen V eines Quaders ist gleich dem Produkt der drei Seitenlängen a, b und c.

$V = a \cdot b \cdot c$

i) Der Flächeninhalt A eines Quadrates berechnet sich aus dem Quadrat der Seitenlänge a.

$A = a^2$

j) Der Nenner eines Bruches ist um 2 größer als der Zähler. Vermehrt man den Zähler um 7 und den Nenner um 8, so erhält man die Bruchzahl $\frac{3}{5}$.

$\frac{x + 7}{x + 2 + 8} = \frac{3}{5}$

k) Die Dichte ρ eines Körpers ist der Quotient aus der Masse m und dem Volumen V.

$\rho = \frac{m}{V}$

l) Man wandelt C° (Celsius) in F° (Fahrenheit) um, indem man C° mit 1,8 multipliziert und 32° addiert.

$F° = 1{,}8 \cdot C° + 32°$

m) Vergrößert man in dem Produkt 18 • 27 jeden Faktor um dieselbe Zahl x und addiert zusätzlich 9, so erhält man das Quadrat von x.

$(18 + x) \cdot (27 + x) + 9 = x^2$

n) Die Oberfläche O eines geraden Prismas ist die Summe aus der Grundfläche G, der Deckfläche D und der Mantelfläche M.

$O = G + D + M$

o) Der Flächeninhalt A einer Raute berechnet sich aus dem halben Produkt der beiden Diagonalen e und f.

$A = \frac{e \cdot f}{2}$

p) Die Differenz der Quadrate zweier aufeinander folgender Zahlen beträgt 613.

$(x + 1)^2 - x^2 = 613$

Wir schätzen Ergebnisse

Für die folgenden Aufgaben hast du nur 3 Minuten Zeit.
Dein Mathelehrer soll die Zeit stoppen.
Beginne, wenn er sagt »Achtung, fertig, los!«

1. Gib grobe, ganzzahlige Schätzungen für jede Aufgabe an.

a) 201,07 t + 1590,02 t + 407,98 t ist ungefähr ________________

b) $0{,}803 \cdot 598$ ist ungefähr ________________

c) $12 \cdot 29{,}85$ € ist ungefähr ________________

d) $64{,}03 : \frac{1}{2}$ ist ungefähr ________________

e) $\frac{1}{3}$ von 24013 ist ungefähr ________________

f) 8012 passt in 4 Millionen ungefähr ________________ mal hinein

g) $4\frac{1}{2} + 5\frac{5}{6} + 12\frac{7}{16} + 7\frac{8}{9} + 2\frac{1}{7}$ ist ungefähr ________________

h) $\frac{1}{4}$ von 6400010,723 ist ungefähr ________________

i) $27 : 3\frac{5}{6}$ ist ungefähr ________________

j) 5678,23 – 1207,18 – 971,02 ist ungefähr ________________

2. Es reicht vollkommen aus, wenn du bei den folgenden Textaufgaben das ungefähre Ergebnis angibst. Versuche, so schnell wie möglich zu sein.

a) Der Kassierer Ferdi Backenhauer von Mayern Bünchen rieb sich die Hände. 29 705 Fans waren im Stadion und jeder hatte 18 € Eintritt gezahlt. Er schätzt grob die Einnahmen ab.

b) Wenn Bernie Bowler die Bowlingbahn in Essen anmietet, zahlt er pro angefangene Stunde 16 €. Letzte Woche kegelte er mit sieben Freunden 2 h 45 min. Wie viel musste er bezahlen?

c) Die Gärtnerin Gundula Grünzeug pflückte 17 kg Erdbeeren, die sie auf dem Wochenmarkt verkaufte. Das Kilogramm Erdbeeren kostet 2,80 €. Wie viel Geld nahm sie ungefähr ein?

d) Der Gummibärchenherstellen Harry Buh verkauft eine Tüte seiner Köstlichkeiten für 1,22 €. Bei der letzten Sendung »Betten Nass ...« futterten die Gäste und Zuschauer von Showmaster Thomas Kotzschmalz für 228,14 € Gummibärchen. Wie viele Tüten waren das ungefähr?

e) Das Haar von Rapper MacUnzel wächst pro Woche so um die 1,56 mm. Er will sich ein Zöpfchen von 6 cm Länge wachsen lassen. Wie viele Wochen wird er ungefähr dafür brauchen?

f) Frau Asparagus kauft Spargel ein. Das Kilogramm Spargel kostet 4,90 €. Die Waage zeigt ein Gewicht von 1540 g an. Wie viel muss Frau Asparagus ungefähr bezahlen?

g) Bei einer Wanderung legte der Klassenlehrer Hugo Transrapid mit seiner Klasse durchschnittlich 4,45 km pro Stunde zurück. Sie wanderten ununterbrochen 3 Stunden und 35 Minuten. Wie lang war die ungefähre Wanderstrecke in Metern?

h) Imker Holger Sumsum weiß, dass seine fleißigste Biene namens Honey pro Flug 0,049 g Nektar einfliegt. Wie oft fliegt Honey für ein Kilogramm Honig?

i) Hein Windjammers Katamaran hat eine Spitzengeschwindigkeit von 28 Knoten. 1 Knoten bedeutet, dass ein Schiff in einer Stunde 1 Seemeile zurücklegt. 1 Seemeile sind 1852 m. Wie viel km legt Hein ungefähr in 5 Stunden zurück?

j) Die Firma Fitmaier presste 5 990 872 sonnengereifte Apfelsinen aus. 12 Apfelsinen ergeben eine Flasche des köstlichen Bollentrinasafts. Herr Fitmeier verkauft die Flasche zu 0,62 € an die Firma BALDI. Wie viel € erhält er ungefähr?

Wir schätzen Ergebnisse

Für die folgenden Aufgaben hast du nur 3 Minuten Zeit.
Dein Mathelehrer soll die Zeit stoppen.
Beginne, wenn er sagt »Achtung, fertig, los!«

1. Gib grobe, ganzzahlige Schätzungen für jede Aufgabe an.

a) 201,07 t + 1590,02 t + 407,98 t ist ungefähr **2200 t**
b) 0,803 • 598 ist ungefähr **480**
c) 12 • 29,85 € ist ungefähr **360 €**
d) 64,03 : $\frac{1}{2}$ ist ungefähr **128**
e) $\frac{1}{3}$ von 24013 ist ungefähr **8 000**
f) 8012 passt in 4 Millionen ungefähr **500 -** mal hinein
g) $4\frac{1}{2} + 5\frac{5}{6} + 12\frac{7}{16} + 7\frac{8}{9} + 2\frac{1}{7}$ ist ungefähr **33**
h) $\frac{1}{4}$ von 6400010,723 ist ungefähr **1 600 000**
i) 27 : $3\frac{5}{6}$ ist ungefähr **7**
j) 5678,23 – 1207,18 – 971,02 ist ungefähr **3 500**

2. Es reicht vollkommen aus, wenn du bei den folgenden Textaufgaben das ungefähre Ergebnis angibst. Versuche, so schnell wie möglich zu sein.

a) Der Kassierer Ferdi Backenhauer von Mayern Bünchen rieb sich die Hände. 29 705 Fans waren im Stadion und jeder hatte 18 € Eintritt gezahlt. Er schätzt grob die Einnahmen ab.
535 000 €

b) Wenn Bernie Bowler die Bowlingbahn in Essen anmietet, zahlt er pro angefangene Stunde 16 €. Letzte Woche kegelte er mit sieben Freunden 2 h 45 min. Wie viel musste er bezahlen?
6 €

c) Die Gärtnerin Gundula Grünzeug pflückte 17 kg Erdbeeren, die sie auf dem Wochenmarkt verkaufte. Das Kilogramm Erdbeeren kostet 2,80 €. Wie viel Geld nahm sie ungefähr ein?
48 €

d) Der Gummibärchenherstellen Harry Buh verkauft eine Tüte seiner Köstlichkeiten für 1,22 €. Bei der letzten Sendung »Betten Nass ...« futterten die Gäste und Zuschauer von Showmaster Thomas Kotzschmalz für 228,14 € Gummibärchen. Wie viele Tüten waren das ungefähr?
190 Tüten

e) Das Haar von Rapper MacUnzel wächst pro Woche so um die 1,56 mm. Er will sich ein Zöpfchen von 6 cm Länge wachsen lassen. Wie viele Wochen wird er ungefähr dafür brauchen?
38 Wochen

f) Frau Asparagus kauft Spargel ein. Das Kilogramm Spargel kostet 4,90 €. Die Waage zeigt ein Gewicht von 1540 g an. Wie viel muss Frau Asparagus ungefähr bezahlen?
7,50 €

g) Bei einer Wanderung legte der Klassenlehrer Hugo Transrapid mit seiner Klasse durchschnittlich 4,45 km pro Stunde zurück. Sie wanderten ununterbrochen 3 Stunden und 35 Minuten. Wie lang war die ungefähre Wanderstrecke in Metern?
16 000 m

h) Imker Holger Sumsum weiß, dass seine fleißigste Biene namens Honey pro Flug 0,049 g Nektar einfliegt. Wie oft fliegt Honey für ein Kilogramm Honig?
20 000-mal

i) Hein Windjammers Katamaran hat eine Spitzengeschwindigkeit von 28 Knoten. 1 Knoten bedeutet, dass ein Schiff in einer Stunde 1 Seemeile zurücklegt. 1 Seemeile sind 1852 m. Wie viel km legt Hein ungefähr in 5 Stunden zurück?
250 km

j) Die Firma Fitmaier presste 5 990 872 sonnengereifte Apfelsinen aus. 12 Apfelsinen ergeben eine Flasche des köstlichen Bollentrinasafts. Herr Fitmeier verkauft die Flasche zu 0,62 € an die Firma BALDI. Wie viel € erhält er ungefähr?
300 000 €

Wir trichtern die binomischen Formeln ein

Die ominösen binomischen Formeln:

1. $(a+b)^2 = a^2 + 2ab + b^2$
2. $(a-b)^2 = a^2 + 2ab + b^2$
3. $(a+b)(a-b) = a^2 - b^2$

Löse die Klammern auf.

a) $(3a + 2b)^2 =$

b) $(2x - 5y)^2 =$

c) $(\frac{1}{2}d + \frac{2}{3}e)^2 =$

d) $(2g - 9h)(2g + 9h) =$

e) $(0{,}5a + 3{,}7b)^2 =$

f) $(\frac{2}{5}m - \frac{5}{6}n)^2 =$

g) $(h + 3z)(h - 3z) =$

h) $(2r + 1{,}5s)^2 =$

i) $(8a - 7b)(8a + 7b) =$

j) $(4{,}5p + 3q)^2 =$

Ergänze durch eine Zahl auf beiden Seiten der Gleichung so, dass du links eine binomische Formel erhältst.

Beispiel: $x^2 + 4x + \square = 21 + \square$

Lösung: $x^2 + 4x + \boxed{4} = 21 + \boxed{4}$

$\mathbf{(x + 2)^2 = 25}$

a) $x^2 - 4x + \square = 12 + \square$

b) $x^2 - 8x + \square = 33 + \square$

c) $x^2 + 6x + \square = 72 + \square$

d) $x^2 + 14x + \square = 15 + \square$

e) $x^2 - 12x + \square = 13 + \square$

f) $x^2 - 10x + \square = 56 + \square$

g) $x^2 + 3x + \square = 33{,}75 + \square$

h) $x^2 - 5x + \square = 42{,}75 + \square$

i) $x^2 + 7x + \square = 3{,}75 + \square$

j) $x^2 - x + \square = 120{,}75 + \square$

Setze jeweils das richtige Rechenzeichen ein.

a) $(x + 8)^2 = x^2 \square 16x \square 64$

b) $(2y - 5)^2 = 4y^2 \square 20y \square 25$

c) $(3a - 5b)(3a + 5b) = 9a^2 \square 25b^2$

d) $(2p \square 3q)(2p \square 3q) = 4p^2 - 9q^2$

e) $(3 \square 5x)^2 = 9 - 30x + 25x^2$

f) $(1{,}5a \square 7)^2 = 2{,}25a^2 + 21a + 49$

Wir trichtern die binomischen Formeln ein

Die ominösen binomischen Formeln:	1. $(a+b)^2 = a^2 + 2ab + b^2$
	2. $(a-b)^2 = a^2 + 2ab + b^2$
	3. $(a+b)(a-b) = a^2 - b^2$

Löse die Klammern auf.

a) $(3a + 2b)^2 =$ $\mathbf{9a^2 + 12ab + 4b^2}$

b) $(2x - 5y)^2 =$ $\mathbf{4x^2 - 20xy + 25y^2}$

c) $(\frac{1}{2}d + \frac{2}{3}e)^2 =$ $\mathbf{\frac{1}{4}d^2 + \frac{2}{3}de + \frac{4}{9}e^2}$

d) $(2g - 9h)(2g + 9h) =$ $\mathbf{4g^2 - 81h^2}$

e) $(0{,}5a + 3{,}7b)^2 =$ $\mathbf{0{,}25a^2 + 3{,}7ab + 13{,}69b^2}$

f) $(\frac{2}{5}m - \frac{5}{6}n)^2 =$ $\mathbf{\frac{4}{25}m^2 - \frac{2}{3}mn + \frac{25}{36}n^2}$

g) $(h + 3z)(h - 3z) =$ $\mathbf{h^2 - 9z^2}$

h) $(2r + 1{,}5s)^2 =$ $\mathbf{4r^2 + 6rs + 2{,}25s^2}$

i) $(8a - 7b)(8a + 7b) =$ $\mathbf{64a^2 - 49b^2}$

j) $(4{,}5p + 3q)^2 =$ $\mathbf{20{,}25p^2 + 27pq + 9q^2}$

Ergänze durch eine Zahl auf beiden Seiten der Gleichung so, dass du links eine binomische Formel erhältst.

Beispiel: $x^2 + 4x + \square = 21 + \square$

Lösung: $x^2 + 4x + \boxed{\mathbf{4}} = 21 + \boxed{\mathbf{4}}$
$\mathbf{(x + 2)^2 = 25}$

a) $x^2 - 4x + \boxed{\mathbf{4}} = 12 + \boxed{\mathbf{4}}$
$\mathbf{(x - 2)^2 = 25}$

b) $x^2 - 8x + \boxed{\mathbf{16}} = 33 + \boxed{\mathbf{16}}$
$\mathbf{(x - 4)^2 = 49}$

c) $x^2 + 6x + \boxed{\mathbf{9}} = 72 + \boxed{\mathbf{9}}$
$\mathbf{(x + 3)^2 = 81}$

d) $x^2 + 14x + \boxed{\mathbf{49}} = 15 + \boxed{\mathbf{49}}$
$\mathbf{(x + 7)^2 = 64}$

e) $x^2 - 12x + \boxed{\mathbf{36}} = 13 + \boxed{\mathbf{36}}$
$\mathbf{(x - 6)^2 = 49}$

f) $x^2 - 10x + \boxed{\mathbf{25}} = 56 + \boxed{\mathbf{25}}$
$\mathbf{(x - 5)^2 = 81}$

g) $x^2 + 3x + \boxed{\mathbf{2{,}25}} = 33{,}75 + \boxed{\mathbf{2{,}25}}$
$\mathbf{(x + 1{,}5)^2 = 36}$

h) $x^2 - 5x + \boxed{\mathbf{6{,}25}} = 42{,}75 + \boxed{\mathbf{6{,}25}}$
$\mathbf{(x - 2{,}5)^2 = 49}$

i) $x^2 + 7x + \boxed{\mathbf{12{,}25}} = 3{,}75 + \boxed{\mathbf{12{,}25}}$
$\mathbf{(x + 3{,}5)^2 = 16}$

j) $x^2 - x + \boxed{\mathbf{0{,}25}} = 120{,}75 + \boxed{\mathbf{0{,}25}}$
$\mathbf{(x - 0{,}5)^2 = 121}$

Setze jeweils das richtige Rechenzeichen ein.

a) $(x + 8)^2 = x^2 \boxed{+} 16x \boxed{+} 64$

b) $(2y - 5)^2 = 4y^2 \boxed{-} 20y \boxed{+} 25$

c) $(3a - 5b)(3a + 5b) = 9a^2 \boxed{-} 25b^2$

d) $(2p \boxed{-} 3q)(2p \boxed{+} 3q) = 4p^2 - 9q^2$

e) $(3 \boxed{-} 5x)^2 = 9 - 30x + 25x^2$

f) $(1{,}5a \boxed{+} 7)^2 = 2{,}25a^2 + 21a + 49$

Wir berechnen Quadratzahlen

Die binomischen Formeln ermöglichen es, auf schnelle Art und Weise beliebige Quadratzahlen zu berechnen. Schau dir die Beispiele an und gehe bei deinen Berechnungen so ähnlich vor.

$34^2 = (30 + 4)^2 = 900 + 240 + 16 = 1156$ → *1. binomische Formel für Zahlen, die auf 1, 2, 3, 4 enden.*

$47^2 = (50 - 3)^2 = 2500 - 300 + 9 = 2209$ → *2. binomische Formel für Zahlen, die auf 6, 7, 8, 9 enden.*

Für Zahlen, die auf 5 enden, gibt es einen einfachen Trick.

65^2 → *Nimm die erste Ziffer und multipliziere sie mit der nächsthöheren Ziffer.* $6 \cdot 7 = 42$ → *Hänge an das Ergebnis 25 an. Fertig!* 4225

Berechne

a) $45^2 =$

b) $43^2 =$

c) $71^2 =$

d) $85^2 =$

e) $46^2 =$

f) $52^2 =$

g) $38^2 =$

h) $47^2 =$

i) $61^2 =$

j) $40^2 =$

k) $95^2 =$

l) $44^2 =$

m) $72^2 =$

n) $89^2 =$

o) $23^2 =$

p) $36^2 =$

q) $33^2 =$

r) $59^2 =$

s) $67^2 =$

t) $80^2 =$

Wir berechnen Quadratzahlen

Die binomischen Formeln ermöglichen es, auf schnelle Art und Weise beliebige Quadratzahlen zu berechnen. Schau dir die Beispiele an und gehe bei deinen Berechnungen so ähnlich vor.

$34^2 = (30 + 4)^2 = 900 + 240 + 16 = 1156$ → *1. binomische Formel für Zahlen, die auf 1, 2, 3, 4 enden.*

$47^2 = (50 - 3)^2 = 2500 - 300 + 9 = 2209$ → *2. binomische Formel für Zahlen die auf 6, 7, 8, 9 enden.*

Für Zahlen, die auf 5 enden, gibt es einen einfachen Trick.

65^2 → *Nimm die erste Ziffer und multipliziere sie mit der nächsthöheren Ziffer.* $6 \cdot 7 = 42$ → *Hänge an das Ergebnis 25 an. Fertig!* 4225

Berechne

a) $45^2 = \mathbf{40 \cdot 50 + 25 = 2025}$

b) $43^2 = \mathbf{(40 + 3)^2 = 1600 + 240 + 9 = 1849}$

c) $71^2 = \mathbf{(70 + 1)^2 = 4900 + 140 + 1 = 5041}$

d) $85^2 = \mathbf{80 \cdot 90 + 25 = 7225}$

e) $46^2 = \mathbf{(50 - 4)^2 = 2500 - 400 + 16 = 2116}$

f) $52^2 = \mathbf{(50 + 2)^2 = 2500 + 200 + 4 = 2704}$

g) $38^2 = \mathbf{(40 - 2)^2 = 1600 - 160 + 4 = 1444}$

h) $47^2 = \mathbf{(50 - 3)^2 = 2500 - 300 + 9 = 2209}$

i) $61^2 = \mathbf{(60 + 1)^2 = 3600 + 120 + 1 = 3721}$

j) $40^2 = \mathbf{1600}$

k) $95^2 = \mathbf{90 \cdot 100 + 25 = 9025}$

l) $44^2 = \mathbf{(40 + 4)^2 = 1600 + 320 + 16 = 1936}$

m) $72^2 = \mathbf{(70 + 2)^2 = 4900 + 280 + 4 = 5184}$

n) $89^2 = \mathbf{(90 - 1)^2 = 8100 - 180 + 1 = 7921}$

o) $23^2 = \mathbf{(20 + 3)^2 = 400 + 120 + 9 = 529}$

p) $36^2 = \mathbf{(40 - 4)^2 = 1600 - 320 + 16 = 1296}$

q) $33^2 = \mathbf{(30 + 3)^2 = 900 + 180 + 9 = 1089}$

r) $59^2 = \mathbf{(60 - 1)^2 = 3600 - 120 + 1 = 3481}$

s) $67^2 = \mathbf{(70 - 3)^2 = 4900 - 420 + 9 = 4489}$

t) $80^2 = \mathbf{6400}$

Wir wissen, was die Stunde geschlagen hat

Die Zeiteinheiten sind:			
Stunde	**h**	1 h	= 60 min
Minute	**min**	1 min	= 60 s
Sekunde	**s**	1 d	= 24 h
Tag	**d**	1 a	= 365 d
Jahr	**a**	Schaltjahr	= 366 d

1. Schreibe in der nächsthöheren Einheit.

a) 780 min =
b) 420 s =
c) 192 h =
d) 840 min =
e) 840 s =
f) 288 h =

2. Wie viele Tage und Stunden sind:

a) 53 h =
b) 94 h =
c) 253 h =
d) 137 h =
e) 43 h =
f) 167 h =

3. Wie viele Minuten sind:

a) 4 h =
b) 9 h =
c) 16 h =
d) 23 h =
e) 35 h =
f) 71 h =

4. Wie viele Stunden sind:

a) 240 min =
b) 720 min =
c) 420 min =
d) 1440 min =
e) 1140 min =
f) 1920 min =

5. Wie viele Sekunden sind:

a) 13 min =
b) 4 min =
c) 11 min =
d) 17 min =
e) 15 min =
f) 24 min =

6. Wie viele Minuten und Sekunden sind:

a) 231 s =
b) 508 s =
c) 967 s =
d) 8004 s =
e) 3500s =
f) 5112 s =

7. Schreibe in der in Klammern angegebenen Einheit.

a) 8 min (s) =
b) 240 s (min) =
c) 3 h 15 min (min) =
d) 32400 s (h) =

8. Wie viele Minuten fehlen bis zur nächsten vollen Stunde?

a) 12.37 Uhr
b) 8.21 Uhr
c) 3.04 Uhr
d) 23.12 Uhr
e) 6.32 Uhr
f) 11.17 Uhr

9. Wie lange dauerten die einzelnen Fernsehsendungen?

a) 8.10 Uhr - 9.05 h
b) 11.25 Uhr - 13.12 Uhr
c) 20.34 Uhr - 23.57 Uhr
d) 18.20 Uhr - 22.53 Uhr

Wir wissen, was die Stunde geschlagen hat

Die Zeiteinheiten sind:

Stunde	**h**	1 h	= 60 min
Minute	**min**	1 min	= 60 s
Sekunde	**s**	1 d	= 24 h
Tag	**d**	1 a	= 365 d
Jahr	**a**	Schaltjahr	= 366 d

1. Schreibe in der nächsthöheren Einheit.

a) 780 min = **13 h** c) 192 h = **8 d** e) 840 s = **14 min**
b) 420 s = **7 min** d) 840 min = **14 h** f) 288 h = **12 d**

2. Wie viele Tage und Stunden sind:

a) 53 h = **2 d 5 h** c) 253 h = **10 d 13 h** e) 43 h = **1 d 19 h**
b) 94 h = **3 d 22 h** d) 137 h = **5 d 17 h** f) 167 h = **6 d 23 h**

3. Wie viele Minuten sind:

a) 4 h = **240 min** c) 16 h = **960 min** e) 35 h = **2100 min**
b) 9 h = **540 min** d) 23 h = **1380 min** f) 71 h = **4260 min**

4. Wie viele Stunden sind:

a) 240 min = **4 h** c) 420 min = **7 h** e) 1140 min = **19 h**
b) 720 min = **12 h** d) 1440 min = **24 h** f) 1920 min = **32 h**

5. Wie viele Sekunden sind:

a) 13 min = **780 s** c) 11 min = **660 s** e) 15 min = **900 s**
b) 4 min = **240 s** d) 17 min = **1020 s** f) 24 min = **1440 s**

6. Wie viele Minuten und Sekunden sind:

a) 231 s = **3 min 51 s** c) 967 s = **16 min 7s** e) 3500s = **58 min 20 s**
b) 508 s = **8 min 28 s** d) 8004 s = **133 min 24 s** f) 5112 s = **85 min 12 s**

7. Schreibe in der in Klammern angegebenen Einheit.

a) 8 min (s) = **480 s** c) 3 h 15 min (min) = **195 min**
b) 240 s (min) = **4 min** d) 32400 s (h) = **9 h**

8. Wie viele Minuten fehlen bis zur nächsten vollen Stunde?

a) 12.37 Uhr **23 min** c) 3.04 Uhr **56 min** e) 6.32 Uhr **28 min**
b) 8.21 Uhr **39 min** d) 23.12 Uhr **48 min** f) 11.17 Uhr **43 min**

9. Wie lange dauerten die einzelnen Fernsehsendungen?

a) 8.10 Uhr - 9.05 h **55 min**
b) 11.25 Uhr - 13.12 Uhr **1 h 47 min**
c) 20.34 Uhr - 23.57 Uhr **3 h 23 min**
d) 18.20 Uhr - 22.53 Uhr **4 h 33 min**

Wir sind finanziell gut drauf

Europäische Geldeinheit: Euro = **€**
Cent = **ct**
Es gilt: 1 € = 100 ct

1. Schreibe in € und ct (z. B. 354 ct = 3 € 54 ct)

a) 683 ct =
b) 27096 ct =
c) 94506 ct =
d) 80468 ct =
e) 702 ct =
f) 90050 ct =

2. Schreibe in € und ct (z. B. 8,47 € = 8 € 47 ct)

a) 492,04 € =
b) 21,46 € =
c) 603,04 € =
d) 8,99 € =
e) 0,54 € =
f) 18,00 € =

3. Schreibe in ct (z. B. 2 € 18 ct = 218 ct)

a) 6 € =
b) 13 € 4 ct =
c) 4376 € =
d) 72 € 31 ct =
e) 8,79 € =
f) 145,50 € =

4. Schreibe in € (z. B. 872 ct = 8,72 €)

a) 2705 ct =
b) 67207 ct =
c) 7 ct =
d) 220062 ct =
e) 42 ct =
f) 10010 ct =

5. Wie viel fehlt noch bis 50 €?

a) 14,26 €
b) 9,07 €
c) 178 ct
d) 1782 ct
e) 3 €
f) 4910 ct

6. Wie viel € wurden ausgegeben?

a) 31,25 € + 12,90 € + 1,75 € + 8,72 € =
b) 19,23 € + 80 ct + 1,67 € + 15,12 € + 3,45 € =
c) 178 ct + 5,98 € + 32,21 € + 17,25 € + 2,07 € =

7. Wie viel € sind es?

a) 7 • 2 € + 5 • 3,25 € + 4 • 3,17 € =
b) 5 • 3,70 € + 2 • 4,80 € + 7 • 1,50 € =
c) 7 • 5,20 € + 3 • 8,75 € + 6 • 2,50 € + 6,83 € =

8. Frau Suurbier kauft im Supermagazin ein:
2 Pakete Butter zu je 250 g (1,09 €),
4 ℓ Milch (1 ℓ kostet 0,49 €),
1 Blumenkohl zu 1,99 €,
1 kg Äpfel »Golden Delicious« (2,12 €).
Sie bezahlt mit einem 20 € - Schein.

Wir sind finanziell gut drauf

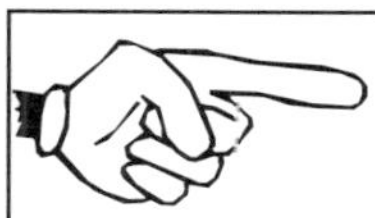

Europäische Geldeinheit: Euro = **€**
Cent = **ct**
Es gilt: 1 € = 100 ct

1. Schreibe in € und ct (z. B. 354 ct = 3 € 54 ct)

a)	683 ct = **6 € 83 ct**	**d)**	80468 ct = **804 € 68 ct**
b)	27096 ct = **270 € 96 ct**	**e)**	702 ct = **7 € 2 ct**
c)	94506 ct = **945 € 6 ct**	**f)**	90050 ct = **900 € 50 ct**

2. Schreibe in € und ct (z. B. 8,47 € = 8 € 47 ct)

a)	492,04 € = **492 € 4 ct**	**d)**	8,99 € = **8 € 99 ct**
b)	21,46 € = **21 € 46 ct**	**e)**	0,54 € = **0 € 54 ct**
c)	603,04 € = **603 € 4 ct**	**f)**	18,00 € = **18 € 0 ct**

3. Schreibe in ct (z. B. 2 € 18 ct = 218 ct)

a)	6 € = **600 ct**	**d)**	72 € 31 ct = **7231 ct**
b)	13 € 4 ct = **1304 ct**	**e)**	8,79 € = **879 ct**
c)	4376 € = **437000 ct**	**f)**	145,50 € = **14550 ct**

4. Schreibe in € (z. B. 872 ct = 8,72 €)

a)	2705 ct = **27,05 €**	**d)**	220062 ct = **2200,62 €**
b)	67207 ct = **672,07 €**	**e)**	42 ct = **0,42 €**
c)	7 ct = **0,07 €**	**f)**	10010 ct = **100,10 €**

5. Wie viel fehlt noch bis 50 €?

a)	14,26 €	**35,74 €**	**d)**	1782 ct	**32,18 €**
b)	9,07 €	**40,93 €**	**e)**	3 €	**47 €**
c)	178 ct	**48,22 €**	**f)**	4910 ct	**0,90 €**

6. Wie viel € wurden ausgegeben?

a) 31,25 € + 12,90 € + 1,75 € + 8,72 € = **54,62 €**

b) 19,23 € + 80 ct + 1,67 € + 15,12 € + 3,45 € = **40,27 €**

c) 178 ct + 5,98 € + 32,21 € + 17,25 € + 2,07 € = **59,29 €**

7. Wie viel € sind es?

a) 7 • 2 € + 5 • 3,25 € + 4 • 3,17 € = **42,93 €**

b) 5 • 3,70 € + 2 • 4,80 € + 7 • 1,50 € = **38,60 €**

c) 7 • 5,20 € + 3 • 8,75 € + 6 • 2,50 € + 6,83 € = **84,48 €**

8. Frau Suurbier kauft im Supermagazin ein:
2 Pakete Butter zu je 250 g (1,09 €),
4 ℓ Milch (1 ℓ kostet 0,49 €),
1 Blumenkohl zu 1,99 €,
1 kg Äpfel »Golden Delicious« (2,12 €).
Sie bezahlt mit einem 20 € - Schein. **Was erhält sie zurück? 11,75 €**

Wir wandeln Flächeneinheiten um

Die Flächeneinheiten sind:	Quadratmeter	**m^2**	$1\ m^2 = 100\ dm^2$
	Quadratdezimeter	**dm^2**	$1\ dm^2 = 100\ cm^2$
	Quadratzentimeter	**cm^2**	$1\ cm^2 = 100\ mm^2$
	Quadratkilometer	**km^2**	$1\ km^2 = 1\,000\,000\ m^2$
	Hektar	**ha**	1 ha = 100 a
	Ar	**a**	$1\ a = 100\ m^2$

1. Rechne in Quadratmeter um.

a) $500\ dm^2 =$ **c)** $0{,}4\ km^2 =$ **e)** $500000\ mm^2 =$

b) $100\ cm^2 =$ **d)** 1,5 ha = **f)** 0,1 ha =

2. Welche Fläche in Quadratzentimeter hat ein Quadrat mit der Seitenlänge a?

a) a = 32 cm **b)** a = 6,5 cm **c)** a = 1,2 dm

3. Bauer Möhrchen besitzt drei quadratische Felder. Gib die Größe seiner Felder in Quadratkilometern an, wenn die Seiten folgende Längen haben:

a) 400 m **b)** 800 m **c)** 1200 m

4. Rechne die Größe der Felder des Bauern Möhrchen in Hektar um.

a) **b)** **c)**

5. Sein Nachbar, Agrarökonom Rübchen, glaubt seine Felder seien größer. Bauer Rübchen Felder sind rechteckig. Rechne ihre Größe in Quadratkilometer aus.

a) 300 m • 500 m **b)** 700 m • 900 m **c)** 1000 m • 1400 m

6. Wie groß sind die Flächen der Felder des Bauern Rübchen in Ar?

a) **b)** **c)**

7. Berechne die Flächen.

a) $3500\ cm^2 + 1{,}7\ m^2 + 220\ mm^2 + 4{,}75\ dm^2 =$

b) $6{,}35\ m^2 + 0{,}135\ km^2 + 121\ dm^2 + 870\ cm^2 =$

c) $320\ mm^2 + 44\ dm^2 + 0{,}015\ m^2 + 912\ cm^2 =$

8. Wandle in Quadratmillimeter um.

a) $3\ cm^2 =$ **b)** $97\ cm^2 =$ **c)** $4{,}23\ dm^2 =$

Wir wandeln Flächeneinheiten um

Die Flächeneinheiten sind:

Quadratmeter	**m²**	1 m²	= 100 dm²
Quadratdezimeter	**dm²**	1 dm²	= 100 cm²
Quadratzentimeter	**cm²**	1 cm²	= 100 mm²
Quadratkilometer	**km²**	1 km²	= 1 000 000 m²
Hektar	**ha**	1 ha	= 100 a
Ar	**a**	1 a	= 100 m²

1. Rechne in Quadratmeter um.

a) 500 dm² = **5 m²** **c)** 0,4 km² = **400000 m²** **e)** 500000 mm² = **0,5 m²**

b) 100 cm² = **0,01 m²** **d)** 1,5 ha = **15000 m²** **f)** 0,1 ha = **1000 m²**

2. Welche Fläche in Quadratzentimeter hat ein Quadrat mit der Seitenlänge a?

a) a = 32 cm **1024 cm²** **b)** a = 6,5 cm **42,25 cm²** **c)** a = 1,2 dm **144 cm²**

3. Bauer Möhrchen besitzt drei quadratische Felder. Gib die Größe seiner Felder in Quadratkilometern an, wenn die Seiten folgende Längen haben:

a) 400 m **0,16 km²** **b)** 800 m **0,64 km²** **c)** 1200 m **1,44 km²**

4. Rechne die Größe der Felder des Bauern Möhrchen in Hektar um.

a) **0,16 km²** **16 ha** **b)** **0,64 km²** **64 ha** **c)** **1,44 km²** **144 ha**

5. Sein Nachbar, Agrarökonom Rübchen, glaubt seine Felder seien größer. Bauer Rübchen Felder sind rechteckig. Rechne ihre Größe in Quadratkilometer aus.

a) 300 m • 500 m **0,15 km²** **b)** 700 m • 900 m **0,63 km²** **c)** 1000 m • 1400 m **1,4 km²**

6. Wie groß sind die Flächen der Felder des Bauern Rübchen in Ar?

a) **0,15 km²** **1500 a** **b)** **0,63 km²** **6300 a** **c)** **1,4 km²** **14000 a**

7. Berechne die Flächen.

a) 3500 cm² + 1,7 m² + 220 mm² + 4,75 dm² = **2097720 mm²**

b) 6,35 m² + 0,135 km² + 121 dm² + 870 cm² = **1350076470 cm²**

c) 320 mm² + 44 dm² + 0,015 m² + 912 cm² = **546520 mm²**

8. Wandle in Quadratmillimeter um.

a) 3 cm² = **300 mm²** **b)** 97 cm² = **9700 mm²** **c)** 4,23 dm² = **42300 mm²**

Wir wissen, wann das Maß voll ist

Die Volumeneinheiten sind:	Kubikmeter	**m^3**	$1\ m^3 = 1000\ dm^3$
	Kubikdezimeter	**dm^3**	$1\ dm^3 = 1000\ cm^3$
	Kubikzentimeter	**cm^3**	$1\ cm^3 = 1000\ mm^3$
	Liter	ℓ	$1\ \ell = 1\ dm^3$
	Milliliter	**$m\ell$**	$1\ m\ell = 1\ cm^3$

1. Schreibe in Kubikmetern.
- **a)** $14500\ dm^3 =$
- **b)** $8500000\ mm^3 =$
- **c)** $1750\ cm^3 =$

2. Schreibe in Kubikdezimetern.
- **a)** $1{,}6\ m^3 =$
- **b)** $2250\ cm^3 =$
- **c)** $895\ cm^3 =$

3. Schreibe in Kubikzentimetern.
- **a)** $0{,}5\ dm^3 =$
- **b)** $8{,}05\ dm^3 =$
- **c)** $1{,}1\ m^3 =$

4. Wie viele Kubikdezimeter fehlen bis zum nächsten Kubikmeter?
- **a)** $650\ dm^3$
- **b)** $995\ dm^3$
- **c)** $1045\ dm^3$

5. Wie viele Kubikzentimeter fehlen bis zum nächsten Kubikdezimeter?
- **a)** $930\ cm^3$
- **b)** $165\ cm^3$
- **c)** $1{,}68\ dm^3$

6. Wie viele Kubikmeter Wasser muss Tierarzt Daxel in das neue Schwimmbecken für seinen Delfin einfüllen?
Das Becken ist 15 m lang, 8 m breit und 3 m tief.

7. Wandle in Liter um.
- **a)** $1{,}5\ dm^3 =$
- **b)** $1200\ cm^3 =$
- **c)** $3{,}150\ m^3 =$

8. Wandle in Kubikdezimeter um.
- **a)** $352\ m\ell =$
- **b)** $0{,}001\ m^3 =$
- **c)** $16000\ cm^3 =$

9. Wandle in Kubikmeter um.
- **a)** $169\ \ell =$
- **b)** $1015\ dm^3 =$
- **c)** $89000\ cm^3 =$

Wir wissen, wann das Maß voll ist

Die Volumeneinheiten sind:

Kubikmeter	m^3	$1\ m^3$	$= 1000\ dm^3$
Kubikdezimeter	dm^3	$1\ dm^3$	$= 1000\ cm^3$
Kubikzentimeter	cm^3	$1\ cm^3$	$= 1000\ mm^3$
Liter	ℓ	$1\ \ell$	$= 1\ dm^3$
Milliliter	$m\ell$	$1\ m\ell$	$= 1\ cm^3$

1. Schreibe in Kubikmetern.

a) $14500\ dm^3 =$ **$14{,}5\ m^3$**
b) $8500000\ mm^3 =$ **$0{,}0085\ m^3$**
c) $1750\ cm^3 =$ **$0{,}00175\ m^3$**

2. Schreibe in Kubikdezimetern.

a) $1{,}6\ m^3 =$ **$1600\ dm^3$**
b) $2250\ cm^3 =$ **$2{,}25\ dm^3$**
c) $895\ cm^3 =$ **$0{,}895\ dm^3$**

3. Schreibe in Kubikzentimetern.

a) $0{,}5\ dm^3 =$ **$500\ cm^3$**
b) $8{,}05\ dm^3 =$ **$8050\ cm^3$**
c) $1{,}1\ m^3 =$ **$1100000\ cm^3$**

4. Wie viele Kubikdezimeter fehlen bis zum nächsten Kubikmeter?

a) $650\ dm^3$ **$350\ dm^3$**
b) $995\ dm^3$ **$5\ dm^3$**
c) $1045\ dm^3$ **$955\ dm^3$**

5. Wie viele Kubikzentimeter fehlen bis zum nächsten Kubikdezimeter?

a) $930\ cm^3$ **$70\ cm^3$**
b) $165\ cm^3$ **$835\ cm^3$**
c) $1{,}68\ dm^3$ **$320\ cm^3$**

6. Wie viele Kubikmeter Wasser muss Tierarzt Daxel in das neue Schwimmbecken für seinen Delfin einfüllen?
Das Becken ist 15 m lang, 8 m breit und 3 m tief. **$V = 360\ m^3$**

7. Wandle in Liter um.

a) $1{,}5\ dm^3 =$ **$1{,}5\ \ell$**
b) $1200\ cm^3 =$ **$1{,}2\ \ell$**
c) $3{,}150\ m^3 =$ **$3150\ \ell$**

8. Wandle in Kubikdezimeter um.

a) $352\ m\ell =$ **$0{,}352\ dm^3$**
b) $0{,}001\ m^3 =$ **$1\ dm^3$**
c) $16000\ cm^3 =$ **$16\ dm^3$**

9. Wandle in Kubikmeter um.

a) $169\ \ell =$ **$0{,}169\ m^3$**
b) $1015\ dm^3 =$ **$1{,}015\ m^3$**
c) $89000\ cm^3 =$ **$0{,}089\ m^3$**

Wir wissen, wo es langgeht

Die Längeneinheiten sind:

Meter	**m**	1 m	= 10 dm
Dezimeter	**dm**	1 dm	= 10 cm
Zentimeter	**cm**	1 cm	= 10 mm
Kilometer	**km**	1 km	= 1000 m

1. Schreibe in der nächsthöheren Einheit.

a) 4500 cm =
b) 3800 m =
c) 1250 mm =
d) 225 cm =
e) 10400 m =
f) 625 mm =

2. Wie viel km und m sind:

a) 2500 m =
b) 27200 m =
c) 1050 m =
d) 9650 m =
e) 15006 m =
f) 625 m =

3. Wie viel m und cm sind:

a) 130 cm =
b) 2,4 m =
c) 1850 mm =
d) 785 cm =
e) 3,05 m =
f) 625 dm =

4. Wie viel cm und mm sind:

a) 1,425 m =
b) 3,01 dm =
c) 20,8 cm =
d) 283 mm =
e) 38 mm =
f) 0,312 m =

5. Schreibe in der in Klammern angegebenen Einheit.

a) 84,3 cm (mm) =
b) 116 m (km) =
c) 308 mm (m) =
d) 16,53 km (m) =
e) 4 dm (m) =
f) 4000 mm (dm) =

6. Wie viel m sind:

a) 3,5 km =
b) 8652 cm =
c) 1060 mm =
d) 85 cm =
e) 0,125 km =
f) 50 mm =

7. Wie viel cm sind:

a) 18 m =
b) 0,73 m =
c) 25 mm =
d) 1 km =
e) 2,75 m =
f) 3,85 dm =

8. Wie viel mm sind:

a) 18 cm =
b) 0,6 m =
c) 56 m =
d) 803 dm =
e) 0,025 km =
f) 0,05 m =

9. Rechne in die nächsthöheren Einheiten um (m in km und m in dm, usw.)

a) 2500 m =
b) 270 mm =
c) 330 cm =
d) 850 m =
e) 1350 mm =
f) 725 cm =

Wir wissen, wo es langgeht

Die Längeneinheiten sind:

Meter	**m**	1 m	=	10 dm
Dezimeter	**dm**	1 dm	=	10 cm
Zentimeter	**cm**	1 cm	=	10 mm
Kilometer	**km**	1 km	=	1000 m

1. Schreibe in der nächsthöheren Einheit.

a) 4500 cm = **450 dm**	**c)** 1250 mm = **125 cm**	**e)** 10400 m = **10,4 km**
b) 3800 m = **3,8 km**	**d)** 225 cm = **22,5 dm**	**f)** 625 mm = **62,5 cm**

2. Wie viel km und m sind:

a) 2500 m = **2 km 500 m**	**c)** 1050 m = **1 km 50 m**	**e)** 15006 m = **15 km 6 m**
b) 27200 m = **27 km 200 m**	**d)** 9650 m = **9 km 650 m**	**f)** 625 m = **0 km 625 m**

3. Wie viel m und cm sind:

a) 130 cm = **1 m 30 cm**	**c)** 1850 mm = **1 m 85 cm**	**e)** 3,05 m = **3 m 5 cm**
b) 2,4 m = **2 m 40 cm**	**d)** 785 cm = **7 m 85 cm**	**f)** 625 dm = **62 m 50 cm**

4. Wie viel cm und mm sind:

a) 1,425 m = **142 cm 5 mm**	**c)** 20,8 cm = **20 cm 8 mm**	**e)** 38 mm = **3 cm 8 mm**
b) 3,01 dm = **30 cm 1 mm**	**d)** 283 mm = **28 cm 3 mm**	**f)** 0,312 m = **31 cm 2 mm**

5. Schreibe in der in Klammern angegebenen Einheit.

a) 84,3 cm (mm) = **843 mm**	**d)** 16,53 km (m) = **16530 m**
b) 116 m (km) = **0,116 km**	**e)** 4 dm (m) = **0,4 m**
c) 308 mm (m) = **0,308 m**	**f)** 4000 mm (dm) = **40 dm**

6. Wie viel m sind:

a) 3,5 km = **3500 m**	**c)** 1060 mm = **1,06 m**	**e)** 0,125 km = **125 m**
b) 8652 cm = **86,52 m**	**d)** 85 cm = **0,85 m**	**f)** 50 mm = **0,05 m**

7. Wie viel cm sind:

a) 18 m = **1800 cm**	**c)** 25 mm = **2,5 cm**	**e)** 2,75 m = **275 cm**
b) 0,73 m = **73 cm**	**d)** 1 km = **100000 cm**	**f)** 3,85 dm = **38,5 cm**

8. Wie viel mm sind:

a) 18 cm = **180 mm**	**c)** 56 m = **56000 mm**	**e)** 0,025 km = **25000 mm**
b) 0,6 m = **600 mm**	**d)** 803 dm = **80300 mm**	**f)** 0,05 m = **50 mm**

9. Rechne in die nächsthöheren Einheiten um (m in km und m in dm, usw.)

a) 2500 m = **2,5 km**	**c)** 330 cm = **33 dm**	**e)** 1350 mm = **135 cm**
b) 270 mm = **27 cm**	**d)** 850 m = **0,85 km**	**f)** 725 cm = **72,5 dm**

Wie Massen sich umrechnen lassen

Die Masseneinheiten sind:

Tonne	**t**	1 t = 1000 kg
Kilogramm	**kg**	1 kg = 1000 g
Gramm	**g**	1 g = 1000 mg
Milligramm	**mg**	

1. Gib die Massen in t an.
a) 1250 kg =
b) 865 kg =
c) 3425 kg =

2. Wie viel kg sind:
a) 0,6 t =
b) 2650 g =
c) 1,8 t =

3. Wie viel g sind:
a) 12,4 kg =
b) 1490 mg =
c) 1 t =

4. Wandle in g um.
a) 1,001 t =
b) 10 mg =
c) 0,015 kg =

5. Wandle in kg um.
a) 5555 g =
b) 0,001 t =
c) 45000 mg =

6. Wandle in t um.
a) 16 kg =
b) 8500 g =
c) 16543 kg =

7. Wie viel kg fehlen bis zur nächsten t?
a) 1,782 t
b) 0,689 t
c) 4,01 t

8. Addiere folgende Massen:
a) 1,474 t + 1560 kg + 0,004 t + 850 g =
b) 14000 mg + 21580 g + 7,975 kg =
c) 1 g + 0,001 kg + 1000 mg =

9. Mac Q. Fladen hat sich auf die Viehzucht gestürzt. Für die Beförderung seiner Tiere hat er sich einen Transporter gekauft, der 18 t zuladen darf.
Wie viele Rindviecher zu 600 kg können auf dem Transporter verladen werden?

10. Auf einer Brücke mit einer Tragfähigkeit von 50 t rollen vier Fahrzeuge zu. Ein Lkw mit einem Gesamtgewicht von 38 t, ein Unimog mit einem Gewicht von 3,5 t und 950 kg Zuladung, ein Traktor mit einem Gewicht von 2250 kg, der einen Anhänger von 2,2 t zieht mit einer Zuladung von 3200 kg Heu sowie ein Pkw im Gesamtgewicht von 1320 kg.
Hält die Brücke?

11. Der Kartoffelhändler Andrew MacPommes kauft beim Bauern Paulchen Potatoe 3,8 t Kartoffeln, verpackt sie in 2,5-kg-Beutel und verkauft sie an seine Kunden.
Wie viele Knollenbeutelchen verkauft er?

12. Wenn Metzgermeister Max Madwurst Wasser durch Zutaten von etwas Fleisch und Salz zu 7 kg Leberkäse verarbeitet und schnittfest gemacht hat, kennen seine Kunden kein Halten mehr und verlangen lautstark von dieser leckeren Knabberei.
Wie viel g Leberkäse verbleiben ihm noch, wenn seine Verkäuferinnen nacheinander 580 g, 365 g, 750 g, 0,2 kg, 125000 mg, 1,2 kg, 440 g, 0,0005 t und 2,75 kg verkauft haben?

Wie Massen sich umrechnen lassen

Die Masseneinheiten sind:			
Tonne	t	1 t	= 1000 kg
Kilogramm	kg	1 kg	= 1000 g
Gramm	g	1 g	= 1000 mg
Milligramm	mg		

1. Gib die Massen in t an.
- **a)** 1250 kg = **1,25 t**
- **b)** 865 kg = **0,865 t**
- **c)** 3425 kg = **3,425 t**

2. Wie viel kg sind:
- **a)** 0,6 t = **600 kg**
- **b)** 2650 g = **2,65 kg**
- **c)** 1,8 t = **1800 kg**

3. Wie viel g sind:
- **a)** 12,4 kg = **12400 g**
- **b)** 1490 mg = **1,49 g**
- **c)** 1 t = **1000000 g**

4. Wandle in g um.
- **a)** 1,001 t = **1001000 g**
- **b)** 10 mg = **0,01 g**
- **c)** 0,015 kg = **15 g**

5. Wandle in kg um.
- **a)** 5555 g = **5,555 kg**
- **b)** 0,001 t = **1 kg**
- **c)** 45000 mg = **0,045 kg**

6. Wandle in t um.
- **a)** 16 kg = **0,016 t**
- **b)** 8500 g = **0,0085 t**
- **c)** 16543 kg = **16,543 t**

7. Wie viel kg fehlen bis zur nächsten t?
- **a)** 1,782 t **218 kg**
- **b)** 0,689 t **311 kg**
- **c)** 4,01 t **990 kg**

8. Addiere folgende Massen:
- **a)** 1,474 t + 1560 kg + 0,004 t + 850 g = **3038,85 kg**
- **b)** 14000 mg + 21580 g + 7,975 kg = **29569 g**
- **c)** 1 g + 0,001 kg + 1000 mg = **3 g**

9. Mac Q. Fladen hat sich auf die Viehzucht gestürzt. Für die Beförderung seiner Tiere hat er sich einen Transporter gekauft, der 18 t zuladen darf.
Wie viele Rindviecher zu 600 kg können auf dem Transporter verladen werden?
Lösung: 18000 kg : 600 kg = 30 Er kann 30 Rinder verladen

10. Auf einer Brücke mit einer Tragfähigkeit von 50 t rollen vier Fahrzeuge zu. Ein Lkw mit einem Gesamtgewicht von 38 t, ein Unimog mit einem Gewicht von 3,5 t und 950 kg Zuladung, ein Traktor mit einem Gewicht von 2250 kg, der einen Anhänger von 2,2 t zieht mit einer Zuladung von 3200 kg Heu sowie ein Pkw im Gesamtgewicht von 1320 kg.
Hält die Brücke? Lösung: Nein. 38 t + 3,5 t + 0,95 t + 2,25 t + 2,2 t + 3,2 t + 1,32 t = 51,42 t

11. Der Kartoffelhändler Andrew MacPommes kauft beim Bauern Paulchen Potatoe 3,8 t Kartoffeln, verpackt sie in 2,5-kg-Beutel und verkauft sie an seine Kunden.
Wie viele Knollenbeutelchen verkauft er? Lösung: 3800 kg : 2,5 kg = 1520 (Beutel)

12. Wenn Metzgermeister Max Madwurst Wasser durch Zutaten von etwas Fleisch und Salz zu 7 kg Leberkäse verarbeitet und schnittfest gemacht hat, kennen seine Kunden kein Halten mehr und verlangen lautstark von dieser leckeren Knabberei.
Wie viel g Leberkäse verbleiben ihm noch, wenn seine Verkäuferinnen nacheinander 580 g, 365 g, 750 g, 0,2 kg, 125000 mg, 1,2 kg, 440 g, 0,0005 t und 2,75 kg verkauft haben? Lösung: 90 g verbleiben noch.
7000 g – 580 g – 365 g – 750 g – 200 g – 125 g – 1200 g – 440 g – 500 g – 2750 g = 90 g

Geschwindigkeit ist keine Hexerei

Geschwindigkeit = $\frac{\textbf{Weg}}{\textbf{Zeit}}$

v = $\frac{s}{t}$

Die Geschwindigkeitseinheiten sind:

$\frac{\text{Meter}}{\text{Sekunde}}$ $1\,\frac{m}{s} = 3600\,\frac{m}{h} = 3{,}6\,\frac{km}{h}$

$\frac{\text{Kilometer}}{\text{Stunde}}$ $1\,\frac{km}{h} = \frac{1000\ m}{3600\ s} \approx 0{,}278\,\frac{m}{s}$

1. Rechne um in $\frac{km}{h}$.

a) $10\,\frac{m}{s} =$ b) $30\,\frac{m}{s} =$ c) $330\,\frac{m}{s} =$

2. Rechne um in $\frac{m}{s}$.

a) $30{,}6\,\frac{km}{h} =$ b) $54\,\frac{km}{h} =$ c) $180\,\frac{km}{h} =$

3. Ein Auto fährt mit einer konstanten Geschwindigkeit von $90\,\frac{km}{h}$ auf der Autobahn.
Wie weit ist es nach folgenden Fahrzeiten gekommen?

a) 30 min b) 2 h c) $4\frac{1}{2}$ h

4. Wie lange braucht ein Autofahrer, um mit einer konstanten Geschwindigkeit von 120 $\frac{km}{h}$ folgende Strecken zurückzulegen?

a) 60 km b) 300 km c) 450 km

5. Wie schnell ist ein Fahrzeug, das in 45 min folgende Strecken zurücklegt?

a) 24 km

b) 60 km

c) 120 km

6. In einer Ortschaft führt die Polizei eine Geschwindigkeitskontrolle durch. Bei einem Fahrer stoppen die Beamten für eine 400 m lange Strecke eine Fahrzeit von 20 s.
Hat der Fahrer die zulässige Höchstgeschwindigkeit von 50 $\frac{km}{h}$ überschritten?

7. Auf der Autobahn stehen in Abständen von 500 m kleine blaue Tafeln mit Kilometerangaben.
Wie schnell fährt eine Auto, dessen Fahrer die 500 m in genau 16 s zurücklegt?

8. Ein Lastwagen fährt mit einer Durchschnittsgeschwindigkeit von $70\,\frac{km}{h}$ die 280 km lange Strecke von Mülheim nach Bremen.
Nach welcher Zeit kommt er dort an?

Geschwindigkeit ist keine Hexerei

Geschwindigkeit = $\frac{\textbf{Weg}}{\textbf{Zeit}}$

v = $\frac{\textbf{s}}{\textbf{t}}$

Die Geschwindigkeitseinheiten sind:

$\frac{\text{Meter}}{\text{Sekunde}}$ $\quad 1\,\frac{\text{m}}{\text{s}} = 3600\,\frac{\text{m}}{\text{h}} = 3{,}6\,\frac{\text{km}}{\text{h}}$

$\frac{\text{Kilometer}}{\text{Stunde}}$ $\quad 1\,\frac{\text{km}}{\text{h}} = \frac{1000\text{ m}}{3600\text{ s}} \approx 0{,}278\,\frac{\text{m}}{\text{s}}$

1. Rechne um in $\frac{\textbf{km}}{\textbf{h}}$.

a) $10\,\frac{\text{m}}{\text{s}} = \mathbf{36\,\frac{km}{h}}$ **b)** $30\,\frac{\text{m}}{\text{s}} = \mathbf{108\,\frac{km}{h}}$ **c)** $330\,\frac{\text{m}}{\text{s}} = \mathbf{1188\,\frac{km}{h}}$

2. Rechne um in $\frac{\textbf{m}}{\textbf{s}}$.

a) $30{,}6\,\frac{\text{km}}{\text{h}} = \mathbf{8{,}5\,\frac{m}{s}}$ **b)** $54\,\frac{\text{km}}{\text{h}} = \mathbf{15\,\frac{m}{s}}$ **c)** $180\,\frac{\text{km}}{\text{h}} = \mathbf{50\,\frac{m}{s}}$

3. Ein Auto fährt mit einer konstanten Geschwindigkeit von $90\,\frac{\text{km}}{\text{h}}$ auf der Autobahn.

Wie weit ist es nach folgenden Fahrzeiten gekommen?

a) 30 min **45 km** **b)** 2 h **180 km** **c)** $4\frac{1}{2}$ h **405 km**

4. Wie lange braucht ein Autofahrer, um mit einer konstanten Geschwindigkeit von 120 $\frac{\textbf{km}}{\textbf{h}}$ folgende Strecken zurückzulegen?

a) 60 km **30 min** **b)** 300 km **2 h 30 min** **c)** 450 km **3 h 45 min**

5. Wie schnell ist ein Fahrzeug, das in 45 min folgende Strecken zurücklegt?

a) 24 km **32 $\frac{\textbf{km}}{\textbf{h}}$**

b) 60 km **80 $\frac{\textbf{km}}{\textbf{h}}$**

c) 120 km **160 $\frac{\textbf{km}}{\textbf{h}}$**

6. Hat der Fahrer die zulässige Höchstgeschwindigkeit von 50 $\frac{\textbf{km}}{\textbf{h}}$ überschritten?

Lösung: 400 m : 20 s = 20 $\frac{\textbf{m}}{\textbf{s}}$ 20 $\left(\frac{\textbf{m}}{\textbf{s}}\right)$ • 3,6 = 72 $\left(\frac{\textbf{km}}{\textbf{h}}\right)$

Er hat die Höchstgeschwindigkeit um 22 $\frac{\textbf{km}}{\textbf{h}}$ überschritten.

7. Wie schnell fährt eine Auto, dessen Fahrer die 500 m in genau 16 s zurücklegt?

Lösung: 500 m : 16 s = 31,25 $\frac{\textbf{m}}{\textbf{s}}$ 31,25 $\left(\frac{\textbf{m}}{\textbf{s}}\right)$ • 3,6 = 112,5 $\left(\frac{\textbf{km}}{\textbf{h}}\right)$

Er fährt mit 112,5 $\frac{\textbf{km}}{\textbf{h}}$.

8. Nach welcher Zeit kommt er dort an?

Lösung: 280 km : 70 $\frac{\textbf{km}}{\textbf{h}}$ = 4 h Er kommt nach 4 Stunden in Bremen an.

Wir prüfen unser technisches Verständnis

a) Ergänze die Skizze zu einem funktionsfähigen Fahrrad.

b) Welches Rad dreht sich am schnellsten?

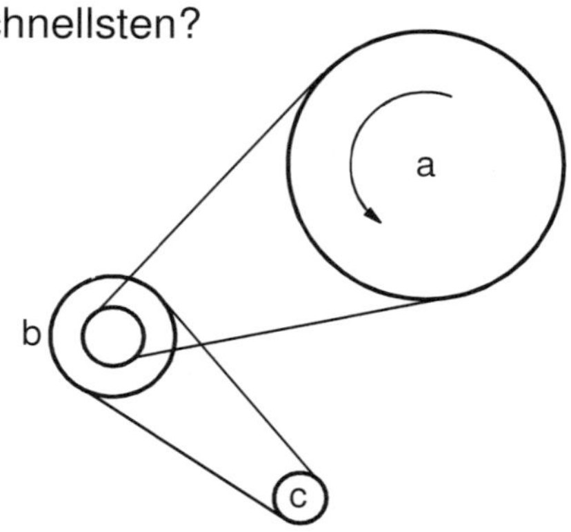

Die richtige Lösung ist ☐

c) In das Gefäß 1 wird bis zur Markierung Wasser eingefüllt. Bis zu welcher Markierung steigt das Wasser in den anderen Gefäßen?

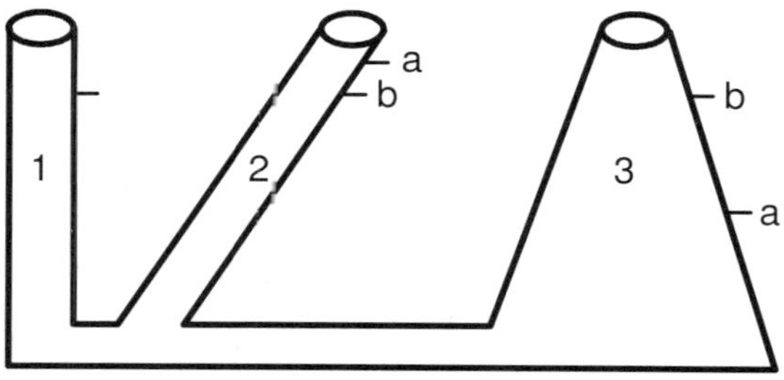

Das Wasser steigt in Gefäß 2 bis ☐

Das Wasser steigt in Gefäß 3 bis ☐

d) Welcher Körper besitzt die höchste Standfestigkeit?

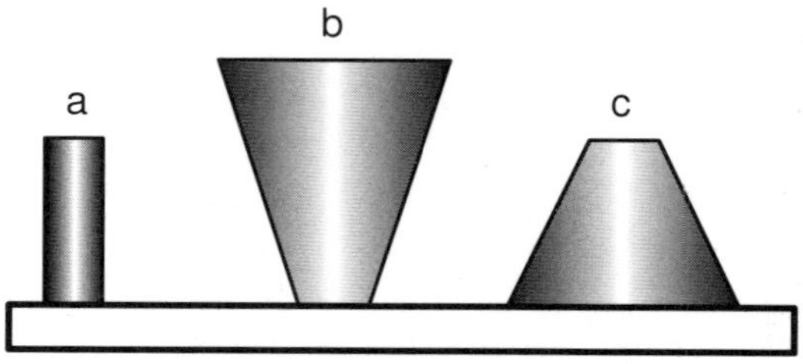

Körper ☐ hat die höchste Standfestigkeit.

e) Ein Junge lässt eine Holzkugel an einem Faden über seinen Kopf kreisen.
An der Stelle x reißt der Faden plötzlich.
In welche Richtung fliegt die Kugel?

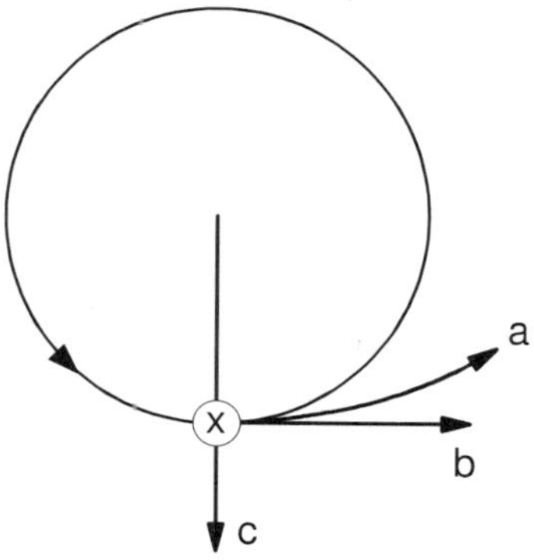

Die Kugel fliegt in Richtung ☐

e) Drei Lämpchen sollen bei gleicher Stromspannung so in einen Stromkreis geschaltet werden, dass sie maximal hell leuchten.
Welche Schaltung muss man wählen? Kreuze sie an.

☐

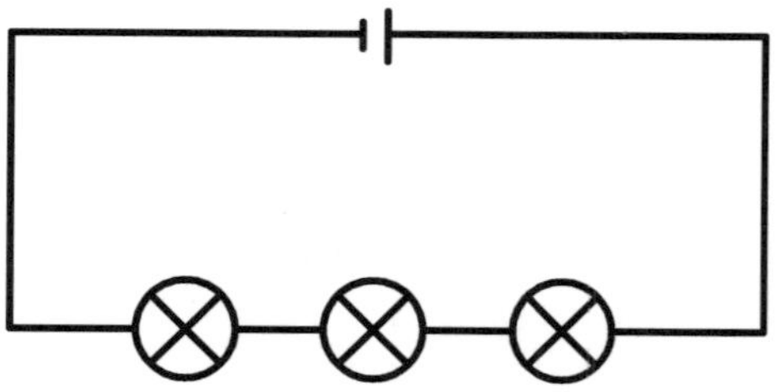

☐

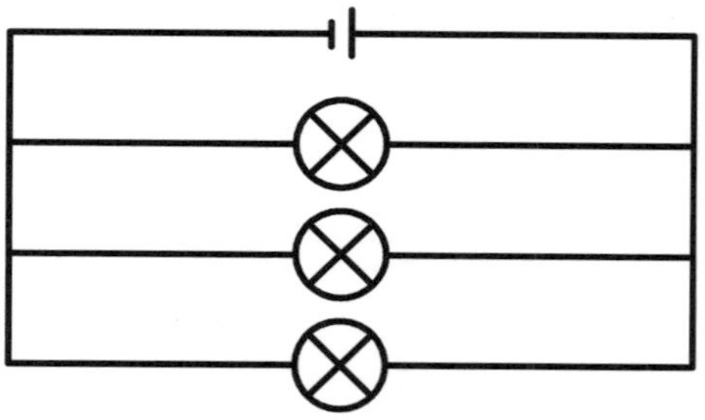

Wir prüfen unser technisches Verständnis

a) Ergänze die Skizze zu einem funktionsfähigen Fahrrad.

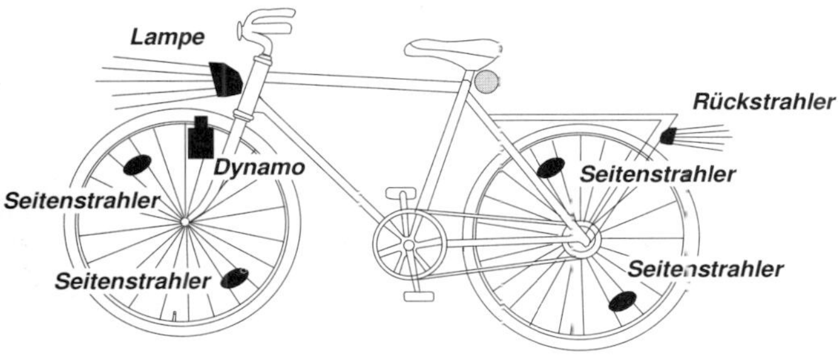

b) Welches Rad dreht sich am schnellsten?

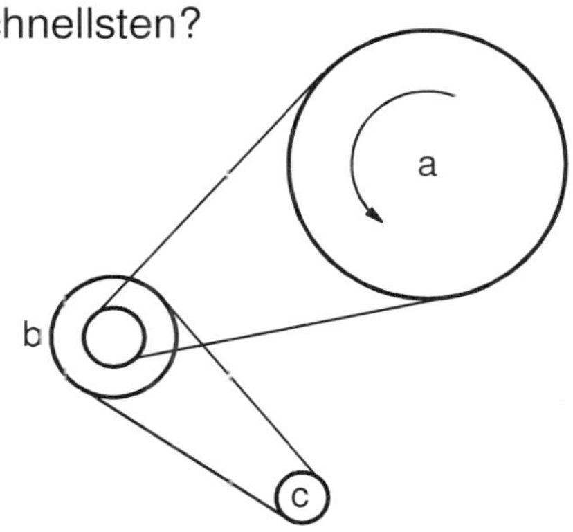

Die richtige Lösung ist **c**

c) In das Gefäß 1 wird bis zur Markierung Wasser eingefüllt. Bis zu welcher Markierung steigt das Wasser in den anderen Gefäßen?

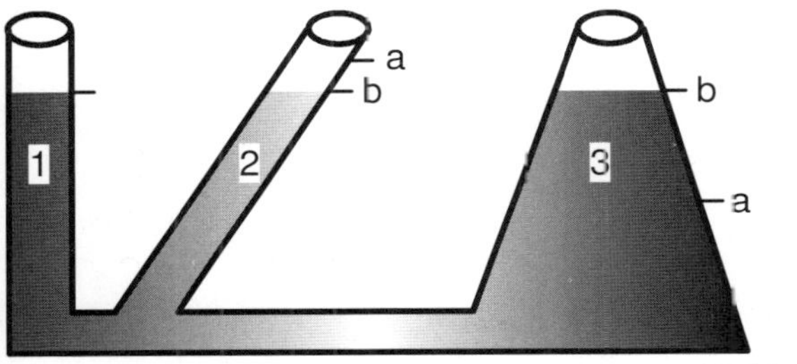

Das Wasser steigt in Gefäß 2 bis **b**

Das Wasser steigt in Gefäß 3 bis **b**

d) Welcher Körper besitzt die höchste Standfestigkeit?

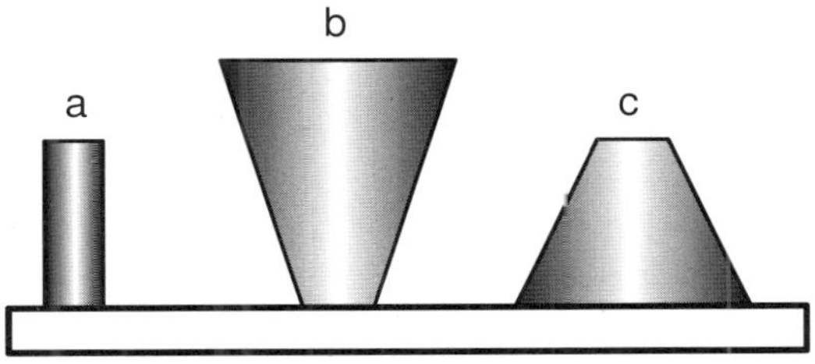

Körper **c** hat die höchste Standfestigkeit.

e) Ein Junge lässt eine Holzkugel an einem Faden über seinen Kopf kreisen. An der Stelle x reißt der Faden plötzlich. In welche Richtung fliegt die Kugel?

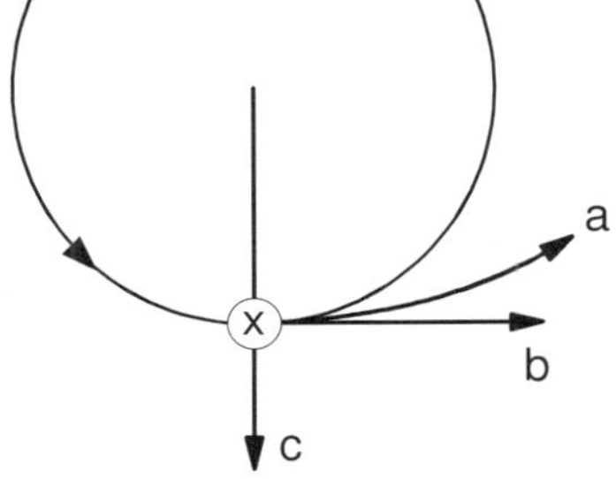

Die Kugel fliegt in Richtung **b**

e) Drei Lämpchen sollen bei gleicher Stromspannung so in einen Stromkreis geschaltet werden, dass sie maximal hell leuchten. Welche Schaltung muss man wählen? Kreuze sie an.

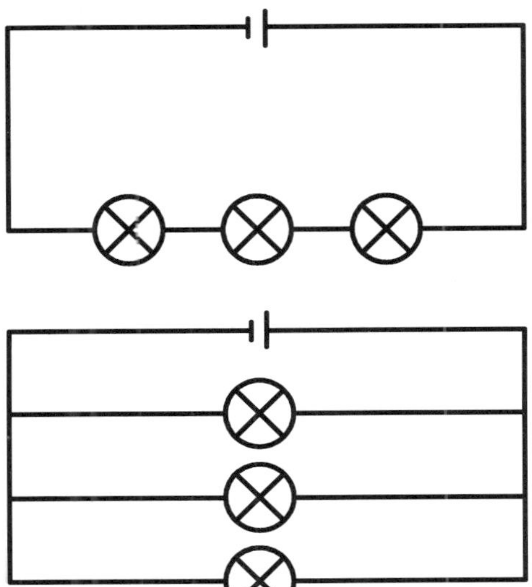

[ ] (obere Schaltung)

[x] (untere Schaltung)

Wir kennen uns mit Statistik aus

Die Anzahl, mit der ein bestimmter Ausfall vorkommt, heißt **absolute Häufigkeit**.

$$\textbf{relative Häufigkeit} = \frac{\text{absolute Häufigkeit}}{\text{Gesamtzahl aller Ausfälle}}$$

Das **arithmetische Mittel** von Messwerten ist die Summe aller Messwerte dividiert durch die Anzahl der Messwerte.

$$\bar{x} = \frac{x_1 + x_2 + x_3 + \ldots\ldots + x_n}{n}$$

Der **Zentralwert Z** (auch **Median** $\tilde{x}$) ist derjenige Wert, der eine geordnete Reihe von Werten in zwei gleiche Teile zerlegt.

Wird eine Rangliste von Werten in vier gleich große Abschnitte zerlegt, dann gibt es eine Zahl (**unteres Quartil**), für die gilt: Mindestens 25 % der Daten liegen vor und 75 % der Daten liegen nach dieser Zahl). Vor dem **oberen Quartil** liegen 75 % der Daten und 25 % der Daten liegen danach.

Die **Spannweite** ist definiert als die Differenz zwischen dem größen und dem kleinsten Wert einer Datenerhebung.

1. Bei einem Schulfest werden 500 Lose verkauft. Unter diesen Losen sind 20 Hauptgewinne und 150 Trostpreise.
Berechne
a) die relative Häufigkeit für einen Hauptwinn.
b) die relative Häufigkeit für einen Trostpreis.
c) die relative Häufigkeit für das Ziehen einer Niete.

2. Das Ergebnis bezüglich der Sauberkeit von Autobahnraststätten war niederschmetternd. 45 der getesten Raststätten bekamen das Urteil »mangelhaft«. Damit betrug die relative Häufigkeit 0,75 bzw. 75 %
Wie viele Raststätten wurden untersucht?

3. Vater Knauser führt genau Buch über die Haushaltsausgaben seiner Frau Carlotta.
Januar 653,60 €, Februar 798,12 €, März 845,04 €, April 1004,74 €,
Mai 783,91 €, Juni 904,36 €, Juli 838,52 €, August 1028,34 €, September 1117,84 €,
Oktober 990,12 €, November 1204,27 €, Dezember 1156,38 €.
Berechne die durchschnittlichen Monatsausgaben.

5. Spargelbauer A. Sparagus überprüft das Gewicht der in Kisten verpackten Spargelstangen.
19,5 kg, 18,6 kg, 22 kg, 24,2 kg, 24,1 kg, 19,8 kg, 20,7 kg, 22,9 kg, 18,8 kg, 24,7 kg, 21,2 kg.

a) Wie groß ist die Spannweite?
b) Berechne das arithmetische Mittel.
c) Bestimme den Zentralwert.

6. Die Klasse 7a hat eine Gewichtsmessung (durchgeführt mit folgenden Ergebnissen:
34 kg, 42 kg, 36 kg, 45 kg, 51 kg, 34 kg, 47 kg, 41 kg, 49 kg, 50 kg, 59 kg, 62 kg, 53 kg,
47 kg, 39 kg, 55 kg, 60 kg, 43 kg, 37 kg, 48 kg, 39 kg, 42 kg, 51 kg, 57 kg, 42 kg, 53 kg,
49 kg, 38 kg, 49 kg, 42 kg, 38 kg.

a) Bestimme den Zentralwert.
b) Bestimme das untere Quartil.
c) Bestimme das obere Quartil.

Wir kennen uns mit Statistik aus

Die Anzahl, mit der ein bestimmter Ausfall vorkommt, heißt **absolute Häufigkeit**.

$$\textbf{relative Häufigkeit} = \frac{\text{absolute Häufigkeit}}{\text{Gesamtzahl aller Ausfälle}}$$

Das **arithmetische Mittel** von Messwerten ist die Summe aller Messwerte dividiert durch die Anzahl der Messwerte.

$$\bar{x} = \frac{x_1 + x_2 + x_3 + \ldots\ldots + x_n}{n}$$

Der **Zentralwert Z** (auch **Median $\tilde{x}$**) ist derjenige Wert, der eine geordnete Reihe von Werten in zwei gleiche Teile zerlegt.

Wird eine Rangliste von Werten in vier gleich große Abschnitte zerlegt, dann gibt es eine Zahl (**unteres Quartil**), für die gilt: Mindestens 25 % der Daten liegen vor und 75 % der Daten liegen nach dieser Zahl). Vor dem **oberen Quartil** liegen 75 % der Daten und 25 % der Daten liegen danach.

Die **Spannweite** ist definiert als die Differenz zwischen dem größen und dem kleinsten Wert einer Datenerhebung.

1. Bei einem Schulfest werden 500 Lose verkauft. Unter diesen Losen sind 20 Hauptgewinne und 150 Trostpreise.
Berechne
a) die relative Häufigkeit für einen Hauptwinn. **20 : 500 = 0,04**
b) die relative Häufigkeit für einen Trostpreis. **150 : 500 = 0,3**
c) die relative Häufigkeit für das Ziehen einer Niete. **330 : 500 = 0,66**

2. Das Ergebnis bezüglich der Sauberkeit von Autobahnraststätten war niederschmetternd. 45 der getesten Raststätten bekamen das Urteil »mangelhaft«. Damit betrug die relative Häufigkeit 0,75 bzw. 75 %
Wie viele Raststätten wurden untersucht? **60 Raststätten**

3. Vater Knauser führt genau Buch über die Haushaltsausgaben seiner Frau Carlotta. Januar 653,60 €, Februar 798,12 €, März 845,04 €, April 1004,74 €, Mai 783,91 €, Juni 904,36 €, Juli 838,52 €, August 1028,34 €, September 1117,84 €, Oktober 990,12 €, November 1204,27 €, Dezember 1156,38 €.
Berechne die durchschnittlichen Monatsausgaben. **943,77 €**

5. Spargelbauer A. Sparagus überprüft das Gewicht der in Kisten verpackten Spargelstangen.
19,5 kg, 18,6 kg, 22 kg, 24,2 kg, 24,1 kg, 19,8 kg, 20,7 kg, 22,9 kg, 18,8 kg, 24,7 kg, 21,2 kg.

a) Wie groß ist die Spannweite? **6,7 kg**
b) Berechne das arithmetische Mittel. **21,5 kg**
c) Bestimme den Zentralwert. **21,2 kg**

6. Die Klasse 7a hat eine Gewichtsmessung (durchgeführt mit folgenden Ergebnissen:
34 kg, 42 kg, 36 kg, 45 kg, 51 kg, 34 kg, 47 kg, 41 kg, 49 kg, 50 kg, 59 kg, 62 kg, 53 kg, 47 kg, 39 kg, 55 kg, 60 kg, 43 kg, 37 kg, 48 kg, 39 kg, 42 kg, 51 kg, 57 kg, 42 kg, 53 kg, 49 kg, 38 kg, 49 kg, 42 kg, 38 kg.

a) Bestimme den Zentralwert. **47 kg**
b) Bestimme das untere Quartil. **39 kg**
c) Bestimme das obere Quartil. **51 kg**

Alles nur reiner Zufall

Beim Würfeln, beim Drehen eines Glücksrads, beim Auslosen mit Münzen oder bei der Ziehung von Lottozahlen handelt es sich um **Zufallsversuche**. Alle möglichen Ergebnisse - sogenannte **Ausfälle** oder **Ereignisse** - eines Zufallsversuches nennt man **Ergebnismenge des Zufallsversuchs**.

Ergebnismenge$_{\text{(Würfeln mit einem Würfel)}}$: { ⚀ ; ⚁ ; ⚂ ; ⚃ ; ⚄ ; ⚅ }.

Die relative Häufigkeit für das Eintreten eines Ausfalls A (z. B. Würfelwurf ⚂) stellt den angenäherten Wert für die Wahrscheinlichkeit dieses Ausfalls A dar. Haben alle Ausfälle die gleiche Wahrscheinlichkeit, dann gilt:

Wahrscheinlichkeit des Ausfalls A = $\dfrac{\text{Anzahl der für A günstigen Ausfälle}}{\text{Gesamtzahl der möglichen Ausfälle}}$

1. Gib die Ergebnismenge für die folgenden Zufallsversuche an:
Auf der Kirmes wird ein Glücksrad mit den Zahlen 1 - 40 gedreht.

a) A_1: Die gedrehte Zahl endet auf 5

b) A_2: Die gedrehte Zahl ist durch 3 teilbar

c) A_3: Die gedrehte Zahl setzt sich aus gleichen Ziffern zusammen

d) A_4: Die gedrehte Zahl hat die Quersumme 5

e) A_5: Die gedrehte Zahl ist eine Primzahl

2. Wie groß ist die Wahrscheinlichkeit für folgende Ausfälle beim Würfeln mit einem Würfel?

a) Es wird eine 4 gewürfelt.

b) Es wird eine gerade Zahl gewürfelt.

c) Es wird eine Primzahl gewürfelt.

d) Es wird eine ungerade Zahl gewürfelt.

3. Fred Gambler und Lucky Looser spielen mit einem Skatspiel (32 Karten). Fred zieht eine Karte und gewinnt, wenn die angegebene Gewinnregel zutrifft. Wie groß ist jeweils die Wahrscheinlichkeit, dass er gewinnt?

a) Die gezogene Karte ist eine Bildkarte, aber kein König.

b) Die gezogene Karte ist kein As und keine Bildkarte.

c) Die gezogene Karte ist eine Karo- oder Herzkarte, aber kein As.

d) Die gezogene Karte ist eine Kreuz- und Bildkarte.

4. Eine Münze wird zweimal geworfen. Wie groß ist die Wahrscheinlichkeit, dass zweimal Zahl erscheint?

Alles nur reiner Zufall

Beim Würfeln, beim Drehen eines Glücksrads, beim Auslosen mit Münzen oder bei der Ziehung von Lottozahlen handelt es sich um **Zufallsversuche**. Alle möglichen Ergebnisse - sogenannte **Ausfälle** oder **Ereignisse** - eines Zufallsversuches nennt man **Ergebnismenge des Zufallsversuchs**.

Ergebnismenge$_{\text{(Würfeln mit einem Würfel)}}$: { ⚀ ; ⚁ ; ⚂ ; ⚃ ; ⚄ ; ⚅ }.

Die relative Häufigkeit für das Eintreten eines Ausfalls A (z. B. Würfelwurf ⚂) stellt den angenäherten Wert für die Wahrscheinlichkeit dieses Ausfalls A dar. Haben alle Ausfälle die gleiche Wahrscheinlichkeit, dann gilt:

Wahrscheinlichkeit des Ausfalls A = $\dfrac{\text{Anzahl der für A günstigen Ausfälle}}{\text{Gesamtzahl der möglichen Ausfälle}}$

1. Gib die Ergebnismenge für die folgenden Zufallsversuche an:
Auf der Kirmes wird ein Glücksrad mit den Zahlen 1 - 40 gedreht.

a) A_1: Die gedrehte Zahl endet auf 5
A_1: {5, 15, 25, 35}

b) A_2: Die gedrehte Zahl ist durch 3 teilbar
A_2: {3, 6, 9, 12, 15, 18, 21, 24, 27, 30, 33, 36, 39}

c) A_3: Die gedrehte Zahl setzt sich aus gleichen Ziffern zusammen
A_3: {11, 22, 33}

d) A_4: Die gedrehte Zahl hat die Quersumme 5
A_4: {5, 14, 23, 32}

e) A_5: Die gedrehte Zahl ist eine Primzahl
A_5: {2, 3, 5, 7, 11, 13, 17, 19, 23, 29, 31, 37}

2. Wie groß ist die Wahrscheinlichkeit für folgende Ausfälle beim Würfeln mit einem Würfel?

a) Es wird eine 4 gewürfelt. $\mathbf{\frac{1}{6}}$

b) Es wird eine gerade Zahl gewürfelt. $\mathbf{\frac{3}{6}}$

c) Es wird eine Primzahl gewürfelt. $\mathbf{\frac{3}{6}}$

d) Es wird eine ungerade Zahl gewürfelt. $\mathbf{\frac{3}{6}}$

3. Fred Gambler und Lucky Looser spielen mit einem Skatspiel (32 Karten). Fred zieht eine Karte und gewinnt, wenn die angegebene Gewinnregel zutrifft. Wie groß ist jeweils die Wahrscheinlichkeit, dass er gewinnt?

a) Die gezogene Karte ist eine Bildkarte, aber kein König. $\mathbf{\frac{1}{4}}$

b) Die gezogene Karte ist kein As und keine Bildkarte. $\mathbf{\frac{1}{2}}$

c) Die gezogene Karte ist eine Karo- oder Herzkarte, aber kein As. $\mathbf{\frac{7}{16}}$

d) Die gezogene Karte ist eine Kreuz- und Bildkarte. $\mathbf{\frac{3}{32}}$

4. Eine Münze wird zweimal geworfen. Wie groß ist die Wahrscheinlichkeit, dass zweimal Zahl erscheint?

$\mathbf{\frac{1}{4}}$

Das Wichtigste im Überblick

Grundrechenarten

a) $112 + 7929 + 24 =$

b) $4592 + 329 + 44721 + 18 =$

c) $5822 - 79 - 152 =$

d) $36715 - 2386 - 64 - 905 =$

e) $829 \cdot 67 =$

f) $6978 \cdot 8007 =$

g) $216 : 8 =$

h) $3024 : 12 =$

i) $33033 : 2002 =$

j) $36{,}18 : 3{,}015 =$

Bruchrechnen

a) $3\frac{1}{3} + 4\frac{1}{2} =$

b) $5\frac{3}{4} - 3\frac{7}{8} =$

c) $\frac{10}{13} : 5 =$

d) $3\frac{1}{5} : \frac{1}{2} =$

e) $6\frac{3}{4} : 4\frac{1}{2} =$

f) $3\frac{2}{5} + 9\frac{5}{6} - 7\frac{11}{15} =$

g) $\frac{9}{14} \cdot 7 =$

h) $\frac{7}{12} \cdot \frac{3}{21} =$

i) $3\frac{3}{7} \cdot \frac{5}{8} =$

j) $(6\frac{2}{5} - 3\frac{3}{4}) \cdot 1\frac{1}{2} =$

Dezimalrechnen

a) $804{,}94 - 46{,}5416 =$

b) $0{,}91 \cdot 0{,}007 =$

c) $0{,}068 \cdot 6{,}97 =$

d) $8{,}3 \cdot 1{,}009 + 0{,}75 : 0{,}015 =$

Prozentrechnen

a) 20 % von 350 kg

b) Ein Auto kostet nach einer Preiserhöhung statt 16 800 € jetzt 17 808 €. Wie viel % betrug die Preiserhöhung?

c) Im Schlussverkauf wird ein Pullover um 20 % im Preis reduziert. Er kostet jetzt 48 €. Was hat der Pullover vor der Erhöhung gekostet?

d) Eine Wohnung kostet 430 € Miete monatlich. Die Miete wird um 1,5 % erhöht. Was kostet die Wohnung nun?

Zeit

Schreibe in der nächsthöheren Einheit:

a) 540 min =

b) 390 s =

c) 144 h =

d) 75 min =

Strecken

Rechne in m um: **a)** 1,484 km = **b)** 805 cm = **c)** 1010 mm =

Flächen

Wie viele Quadratmeter sind:

a) 100 cm^2 = **b)** 450 dm^2 = **c)** 0,03 ha =

Volumen

Wie viele Kubikzentimeter sind:

a) 100 mm^3 = **b)** 13 dm^3 = **c)** 0,025 m^3 =

Das Wichtigste im Überblick

Grundrechenarten

a)	112 + 7929 + 24	= **8065**
b)	4592 + 329 + 44721 + 18	= **49660**
c)	5822 – 79 – 152	= **5591**
d)	36715 – 2386 – 64 – 905	= **33360**
e)	829 • 67	= **55543**
f)	6978 • 8007	= **55872846**
g)	216 : 8	= **27**
h)	3024 : 12	= **252**
i)	33033 : 2002	= **16,5**
j)	36,18 : 3,015	= **12**

Bruchrechnen

a) $3\frac{1}{3} + 4\frac{1}{2} = \mathbf{7\frac{5}{6}}$

b) $5\frac{3}{4} - 3\frac{7}{8} = \mathbf{1\frac{7}{8}}$

c) $\frac{10}{13} : 5 = \mathbf{\frac{2}{13}}$

d) $3\frac{1}{5} : \frac{1}{2} = \mathbf{6\frac{2}{5}}$

e) $6\frac{3}{4} : 4\frac{1}{2} = \mathbf{1\frac{1}{2}}$

f) $3\frac{2}{5} + 9\frac{5}{6} - 7\frac{11}{15} = \mathbf{5\frac{1}{2}}$

g) $\frac{9}{14} \cdot 7 = \mathbf{4\frac{1}{2}}$

h) $\frac{7}{12} \cdot \frac{3}{21} = \mathbf{\frac{1}{12}}$

i) $3\frac{3}{7} \cdot \frac{5}{8} = \mathbf{2\frac{1}{7}}$

j) $(6\frac{2}{5} - 3\frac{3}{4}) \cdot 1\frac{1}{2} = \mathbf{3\frac{39}{40}}$

Dezimalrechnen

a) 804,94 – 46,5416 = **758,3984**

b) 0,91 • 0,007 = **0,00637**

c) 0,068 • 6,97 = **0,47396**

d) 8,3 • 1,009 + 0,75 : 0,015 = **58,3747**

Prozentrechnen

a) 20 % von 350 kg **70 kg**

b) Ein Auto kostet nach einer Preiserhöhung statt 16 800 € jetzt 17 808 €. Wie viel % betrug die Preiserhöhung? **Die Erhöhung betrug 6 %.**

c) Im Schlussverkauf wird ein Pullover um 20 % im Preis reduziert. Er kostet jetzt 48 €. Was hat der Pullover vor der Erhöhung gekostet? **Er hat 60 € gekostet.**

d) Eine Wohnung kostet 430 € Miete monatlich. Die Miete wird um 1,5 % erhöht. Was kostet die Wohnung nun? **Sie kostet nun 436,45 €.**

Zeit

Schreibe in der nächsthöheren Einheit: a) 540 min = **9 h** c) 144 h = **6 d**
b) 390 s = **6,5 min** d) 75 min = $\mathbf{1\frac{1}{4}}$ **h**

Strecken

Rechne in m um: a) 1,484 km = **1484 m** b) 805 cm = **8,05 m** c) 1010 mm = **1,01 m**

Flächen

Wie viele Quadratmeter sind:

a) 100 cm^2 = **0,01 m^2** b) 450 dm^2 = **4,50 m^2** c) 0,03 ha = **300 m^2**

Volumen

Wie viele Kubikzentimeter sind:

a) 100 mm^3 = **0,1 cm^3** b) 13 dm^3 = **13000 cm^3** c) 0,025 m^3 = **25000 cm^3**

Das sollte man wissen

Zeiteinheiten

Umrechnung

Wichtige Maßeinheiten für die Zeit:
d (Tag)
h (Stunde)
min (Minute)
s (Sekunde)

1 d = 24 h
1 h = 60 min
1 min = 60 s

Achtung: 0,1 h = $\frac{1}{10}$ h = 6 min

Längenmaße

Umrechnung

Wichtige Längenmaße sind:
km (Kilometer)
m (Meter)
dm (Dezimeter)
cm (Zentimeter)
mm (Millimeter)

1 km = 1000 m
1 m = 10 dm
1 dm = 10 cm
1 cm = 10 mm

Die Umrechnungszahl bei Längenmaßen ist 10
(Achtung bei Umwandlung km in m und m in km)

Flächenmaße

Umrechnung

Maßeinheiten für den Flächeninhalt sind:
km^2 (Quadratkilometer)
ha (Hektar)
a (Ar)
m^2 (Quadratmeter)
dm^2 (Quadratdezimeter)
cm^2 (Quadratzentimeter)
mm^2 (Quadratmillimeter)

1 km^2 = 100 ha
1 ha = 100 a
1 a = 100 m^2
1 m^2 = 100 dm^2
1 dm^2 = 100 cm^2
1 cm^2 = 100 mm^2

Die Umrechnungszahl bei Flächenmaßen ist 100

Maßeinheiten Volumen

Umrechnung

Maßeinheiten für das Volumen:
m^3 (Kubikmeter)
dm^3 (Kubikdezimeter)
cm^3 (Kubikzentimeter)
mm^3 (Kubikmillimeter)
Maßeinheiten bei Flüssigkeiten:
hℓ (Hektoliter)
ℓ (Liter)
mℓ (Milliliter)

1 m^3 = 1000 dm^3
1 dm^3 = 1000 cm^3
1 cm^3 = 1000 mm^3

Die Umwandlungszahl bei Volumeneinheiten ist 1000

1 hℓ = 100 ℓ
1 ℓ = 1000 mℓ
1 ℓ = 1 dm^3
1 dm^3 = 1000 mℓ

Masseneinheiten

Umrechnung

Wichtige Maßeinheiten für die Massen:
t (Tonne)
kg (Kilogramm)
g (Gramm)
mg (Milligramm)

1 t = 1000 kg
1 kg = 1000 g
1 g = 1000 mg

Die Umwandlungszahl bei Masseneinheiten ist 1000

Gelegentlich werden noch die Einheiten Pfund, Zentner und Doppelzentner benutzt:
1 kg = 2 Pfund
50 kg = 1 Zentner
100 kg = 1 Doppelzentner
1 t = 10 Doppelzentner

Maßstab

Bedeutung

Maßstab 1 : 20 000 (sprich 1 zu 20 000) bedeutet: Jede gemessene Strecke auf z. B. einer Karte ist in Wirklichkeit 20 000mal so lang. Z. B. 2 cm auf dieser Karte sind 400 m in Wirklichkeit.
Maßstab 2 : 1 (sprich 2 zu 1) bedeutet: Jede gemessene Strecke einer Zeichnung ist in Wirklichkeit $\frac{1}{2}$ mal so lang.